力学がわかる

力学の"森"をじっくり見わたす
対話で読む力学案内

表 實 著

技術評論社

まえがき

　自然界にはいろいろな物体が存在し，それらの物体が様々な運動をしています。地上から空に目を転じれば，そこには太陽をはじめとして，夜空に輝くたくさんの天体があり，それらの天体がそれぞれ特有の運動をしていることも知られています。これらの物体の運動について調べる物理学の分野が「力学」です。

　人類は古くから物体の運動に興味をもち，その背後にあるルールについて調べてきました。今から2000年以上前に，ギリシャの哲学者アリストテレスはその著書『自然学』の中で，物体の運動について「外部から力が作用することによって，その物体は力に比例した速さで運動し，力が働かなくなるとその物体は静止する」と述べています。その後長い間，運動に関するアリストテレスの考え方は有効であると信じられてきましたが，ガリレオは実験事実に基づいて「物体に作用する力は，物体の速度ではなく，速度の変化に影響を及ぼすこと」を発見しました。ガリレオの発見に基づいて，物体の運動に関する3つのルールをまとめたのがニュートンです。これらのルールを，物体の運動に関するニュートンの3法則とよび，ニュートンの3法則を基礎とする力学を「ニュートン力学」とよびます。ニュートン力学は，日常的に出会う様々な物体の運動や天体の動きを理解し，またそれらの動きを予測する上で大きな成功を収めています。

　力学は，その誕生が比較的早いこと，また物体の運動を調べる上で極めて有効であること，その理論体系がよく整えられていること，力学の考え方が物理学の他の様々な分野の基礎となっていることなどから，古くから力学に関する多くの教科書が著されています。その中には，力学の骨組みに関する体系的な解説がなされている古典的な名著や，個々の問題に関する解き方が詳細に説明されているものなどが数多くあります。さらに，力学は物理学を学ぶ人たちにとって必須ともいえる分野であることから，力学に関する標準的な教科書も多く出版されているのが現状です。そのような状況の中で，「力学がわかる」というタイトルをもつ本書執筆の狙いは，力学の入門書でもなく，また力学の概論でもなく，「力学という‘森’と向き合うにあたって，その森を構成する木々のそれぞれに注目する前に，‘森全体’を視野に収めてもらう」ための本を書くことにあります。最初に「力学とは何か？」から始めることで，力学

に親しみを感じると同時に，学問としての力学の面白さに触れてもらいたいと願っています。物体には様々な大きさや形をもったものがあり，またそれらの物体に作用する外力もいろいろな性質をもっています。物体の特徴や外力の性質によって，物体の運動も異なります。本書は，力学の基本的な骨組みを理解することを目的としていますので，大きさを無視できる物体（これを質点といいます）に対象をしぼって，力が作用したときの質点の運動について，その基本的な構造を調べることにします。

19世紀の末から20世紀の初めにかけて，ニュートン力学の予測とは異なるいくつかの実験事実があることが発見されました．一つには原子・分子等のミクロ粒子の関与する現象であり，これらのミクロ世界の現象を理解する理論体系として誕生したのが量子力学です．もう一つは，光速に近い速さの運動が関与する物理現象であり，それが相対性理論の誕生を促しました．これらの事実は，ニュートン力学に適用限界があることを意味しています．物理学の理論体系に適用限界があることは，自然認識のあり方に関する人類の重要な発見であると同時に，自然界の構造の奥深さを意味するものです．適用限界の存在は，ニュートン力学の重要性を損なうものではなく，物体の日常的な運動および天体の運動等を調べる上で，その予測が有効であることは今でも変わりません．また，量子力学と相対性理論の双方において，力学の考え方の多くは受け継がれ，重要な役割を果たしています．その意味で，ニュートン力学は物理学の基礎を成すと同時に，量子力学と相対性理論への橋渡しの役割を果たすものであるともいえるでしょう．

本書には，途中で先生と学生さんたちとの問答が随所に配置されています．これは，力学を学ぶ人たちが，講義を聴いているとき，あるいは教科書を読んでいるとき，ふと疑問に思うかもしれない点を話題に取り入れることで，理解に幅をもたせることを目指しています．また，順を追って丁寧に説明する手順では，その文脈の中に別の視点をもち込むことが困難な場合がありますが，そこに問答をもち込むことでそのハードルを低くすることをも目的としています．この試みがいささかでも力学の学習に資することがあることを願っています．

2013年1月

表 實

ファーストブック **力学がわかる** Contents

第1章 力学とは？

- 1-1 物体の運動―外力が作用しないとき― ……… 2
  - ●ニュートン力学の第1法則 ……………………… 2
- 1-2 別の視点から見直してみる―その1― ……… 5
  - ●別の座標系から見ることの重要性 ……………… 8
- 1-3 物体の運動―力が働いているとき― ………… 9
  - ●ニュートン力学の第2法則 ……………………… 9
- 1-4 別の視点から見直してみる―その2― ……… 11
  - ●ニュートン力学の第3法則 ……………………… 14
- 1-5 ニュートン力学の3法則 ……………………… 15
  - ●ニュートン力学を学ぶにあたって ……………… 15

第2章 物体の位置の表し方を理解しよう

- 2-1 位置の表し方 …………………………………… 18
  - ●言葉で説明するときの自宅の位置の表し方 …… 19
  - ●地図によるA君宅の位置の表し方 ……………… 20
  - ●H君宅の位置の表し方 …………………………… 21
  - ●平面上の位置の表し方 …………………………… 22
  - ●2人の自宅まではどちらが遠い？ ……………… 25
  - ●高さを考えたときの位置の表し方と距離の求め方 … 28
- 2-2 位置を表す位置ベクトル ……………………… 31
  - ●ベクトル量とスカラー量 ………………………… 31
- 2-3 ベクトルの取り扱い方 ………………………… 33
  - ●ベクトルの和と差 ………………………………… 33
  - ●ベクトルの積 ……………………………………… 34
  - ●スカラー積（内積） ……………………………… 34
  - ●ベクトル積（外積） ……………………………… 35

力学こぼれ話「1日は24時間？」 ………………………… 36

第3章 運動状態の表し方を理解しよう

- **3-1 速度ベクトル** …… 40
  - ●平均の速さを求める …… 41
  - ●各瞬間の速さを求める …… 45
  - ●速度と速度ベクトル …… 48
- **3-2 加速度ベクトル** …… 53
  - ●加速の大きさ―速さの変化率― …… 53
- **3-3 ニュートンの運動方程式** …… 57
  - ●ニュートン力学の第2法則の重要性 …… 57
- **3-4 力学で現れる物理量の次元と単位** …… 60
  - ●力学量の次元について …… 60
  - ●単位について …… 61
  - ●単位の簡略化について …… 62
- **力学こぼれ話「地球の円周は何メートル？」** …… 63

第4章 少しあとの物体の運動状態は？

- **4-1 x方向にだけ動くとき** …… 68
  - ●力が作用しないとき …… 70
  - ●力が作用するとき―作用する力が一定の場合― …… 72
  - ●力の大きさが途中で変わるとき …… 75
- **4-2 厳密解と近似解** …… 78
  - ●無限個の微分が意味すること …… 78
  - ●運動方程式が解ける場合と解けない場合 …… 80
- **4-3 3次元空間での運動の場合** …… 82
  - ●3次元空間を運動する物体の位置 …… 82
- **力学こぼれ話「単振子―時間と長さ―」** …… 83

第5章 エネルギーとは？

- 5-1 等速直線運動する物体のエネルギー …………… 88
  - ●運動エネルギー ………………………………… 89
- 5-2 運動エネルギーの変化と力の関係 …………… 91
  - ●力が物体にする仕事 …………………………… 92
- 5-3 等加速度運動の場合 ………………………… 94
  - ●エネルギーの保存 ……………………………… 95
- 5-4 力が一定でない場合の物体のエネルギーも保存する？ …………… 97
  - ●広い意味でのエネルギーの保存 ……………… 98
- 5-5 3次元空間の運動とエネルギー …………… 99
  - ●力が作用しない場合 …………………………… 99
  - ●力が一定の場合 ………………………………… 99
  - ●力が変化する場合 ……………………………… 100
- 5-6 エネルギー保存からわかること ……………… 101
  - ●物体の運動における保存量の意味 …………… 102
- 力学こぼれ話「重力(万有引力)の魅力」……………… 104

第6章 いろいろな運動の例

- 6-1 落体の運動 …………………………………… 108
  - ●真下に落下する物体の運動 …………………… 108
  - ●落下時間 ………………………………………… 110
  - ●落下運動のエネルギー ………………………… 113
  - ●斜め上方に投げ上げられた物体の運動 ……… 116
- 6-2 バネにつり下げられた物体の運動 ………… 120
  - ●少しあとの物体の位置を求める ……………… 121
  - ●バネにつり下げられた物体の運動 …………… 126
  - ●単振動のエネルギー …………………………… 128

6-3 惑星の運動 ……………………………………………… 130
- ●惑星に作用する力 …………………………………… 131
- ●地球と天体間の重力の大きさの比—例— ………… 134
- ●重心ベクトルと相対ベクトル ……………………… 135
- ●時刻 t における相対ベクトル $\vec{r}(t)$ を求める ……… 138
- ●惑星の位置と太陽の位置 …………………………… 141
- ●ケプラーの第3法則 ………………………………… 146
- ●ケプラーの法則を超えて …………………………… 147

力学こぼれ話「月はなぜ落ちないのか」 ……………… 150

第7章 相対性原理と見かけの力

7-1 等速直線運動をしている座標系の場合 ……… 154
- ●電車の中から見た物体の速さは？ ………………… 155
- ●電車の中から見たときの物体の加速度は？ ……… 157

7-2 等加速度運動をしている座標系の場合 ……… 160
- ●等加速度系での速度と加速度は？ ………………… 160

7-3 その他の加速度系 ………………………………… 165
- ●回転する座標系 ……………………………………… 165

力学こぼれ話「ガリレオ衛星とケプラーの法則」 …… 166

付録 ………………………………………………………… 169
あとがき …………………………………………………… 180
参考文献 …………………………………………………… 181
索引 ………………………………………………………… 182

登場人物紹介

 O先生 ……大学で物理を教えている。

 A君　 Fさん　 H君 ……理工学部の新入生。

第 1 章
力学とは？

本書の序論として，第1章ではO先生と3人の学生A君，Fさん，H君の問答を軸に，力学の基本的な考え方とその骨組みを理解することにします。この章で交わされる問答が，次章以降を理解する鍵となりますので，読者の皆さんも5人目の問答参加者となった気持ちで，各自の考え・疑問と自問自答しながら読み進んでいただきたいと思っています。

1-1 物体の運動
―外力が作用しないとき―

　机の上に静止した状態で置かれている物体は，外から力を加えなければ，いつまでも静止したままです。押したり引いたりして力を加えれば，この物体は動き出しますが，力を加えるのを止めればそのうち静止します。このとき，加えた力が大きければ，物体の動く速さはそれだけ大きくなります。

　これを整理すると，以下のようになります。

　　物体に力を加えれば，その物体は力に比例した速さで運動し，
　　力を加えるのを止めると物体は静止する

　これは今から2000年以上前に書かれたアリストテレスの著書『自然学』に記載されている内容です。その後16世紀までの長い間，それが運動の基本法則であると考えられていました。

● ニュートン力学の第1法則

　アリストテレスの考えは，一見正しそうでいて，現実の運動を示してはいません。では，正しい基本法則はどのようなものでしょうか。

　ここでは，物体の運動についてもう少し詳しく調べることで，アリストテレスの説を検証してみます。そのために，次の実験(頭の中で仮想的に行う実験：**思考実験**といいます)を行います。同じ物体を2個用意し，それぞれをアスファルトで舗装された道路上と氷の表面に置き，これらの物体に力を加えて同じ速さに加速したあと，力を加えるのを止めることにします。この実験では，いずれの物体もそのうち静止することは確かですが，2つの物体が静止するまでに進む距離は，道路上に置かれた場合に比べて，氷の上に置かれた場合が大きいことがわかります。

図1-1　ニュートン力学の第1法則（思考実験）

　上の思考実験で，氷の上に置かれた物体のほうが静止するまでに移動する距離が大きいのは，物体と氷の間の摩擦が，物体と道路の間の摩擦に比べて小さいからです。摩擦は物体の移動を妨げる力として作用しますので，氷の上の物体が受ける減速作用は小さく，その結果，静止するまでに長い距離を進むことになります。この思考実験により，「物体に力を加えるのを止めると物体は静止する」という『自然学』の記述は，押したり引いたりする'目に見える力'だけに注目したものであり，運動を妨げる'摩擦力'という見えにくい力を無視したものであることが明らかになりました。

　それでは，物体にいかなる力も作用しないとき，その物体はどのような運動をするのでしょうか。上の思考実験では，氷の表面が滑らかになればなるほど，静止するまでに物体の進む距離は大きくなります。ここで想像力をたくましくして，仮に理想的な表面をもつ氷があったとして，物体とその氷の間の摩擦が完全になくなった場合を考えると，物体は静止することなくどこまでも動き続けることになります。すなわち，目に見える力だけでなく，摩擦力を含めていかなる力も物体に作用しないとき，物体はいつまでも同じ方向に同じ速さで動き続けることがわかりま

1-1　物体の運動—外力が作用しないとき—

す。この結果をまとめると

> いかなる力も作用していないとき,
> 静止している物体は,いつまでも静止のままの状態を保ち,
> 動いている物体は,いつまでもその運動状態を保つ(同じ
> 速さで同じ方向に動き続ける)

となります。これがニュートン力学の第1法則です。
　物体の動く速さと方向をまとめて,その物体の速度といいます。ニュートン力学の第1法則は,「物体に力が作用していないとき,物体の速度は変化しない」といい直すことができます。運動状態が変化しないことを物体の慣性ともいいますので,第1法則を慣性の法則ともよびます。

1-2 別の視点から見直してみる―その1―

　教壇に置いた本を指差して，O先生が「この本は静止していますか？」と問いかけたとき，A君，Fさん，H君が手を挙げて言いました。

その本は静止しています。

私も，本は静止していると思います。

僕は，その本は動いていると思います。

　意見が分かれたので，O先生は他の人の意見を聞くことにしました。

意見が分かれましたね。では他の人の意見も聞いてみましょう。静止していると思う人は手を挙げてください。

すると，H君を除くすべての人が手を挙げました。

> H君，他の人の意見とは違っていますが，H君が本は動いていると思うのはなぜですか。

> 地球は太陽の周りを回っています。本は地球と一緒に太陽の周りを移動していますので，本は静止していないと思います。

> そうですね。教壇の上の本は，地球を基準にとれば静止していますが，一方では，H君が指摘したように太陽を基準にとれば動いていることになります。物体が移動しているか否かは，何を基準にとるかで判断が異なることになります。

と話したあと，続けて

> 物体の運動を考えるためには，まず基準となるものを決める必要があります。基準となるものを座標系とよびます。「力が働かないとき，物体はそのうち静止する」というアリストテレスの考え方では，'静止状態'を特別扱いしていることになりますが，基準のとり方で静止しているか否かの判断が異なるのですから，アリストテレスの考え方は運動の性質を示す法則としては不正確です。

> 先生のおっしゃることはわかりますが，必ずしも正確ではないのに，アリストテレスの考えが長い間受け入れられていたのはなぜですか。

> その理由としては次のような事情が考えられます。人々の日常生活では，地球はとても大きな存在であり，生活の基盤ともなっています。だから，無意識のうちに地球（地面）を基準にとって運動を調べることになり，地面に対して静止しているものは動いていないと考えることに，あまり疑問をもたなかったのではないでしょうか。皆さんの多くがそうであったように，太陽を基準にとるという発想はなかなか浮かびにくいのが実情かもしれませんね。それが，'静止

状態'に特別な意味づけを与えることが問題であることに気づかなかった理由だと思います。この例が示唆しているように，自然界の構造をより深く理解するためには，'別の視点（基準系）から見てみる'ことは，とても重要です。

ニュートン力学の第1法則では，同じ困難は起きないのですか。

外力を受けていない物体は運動状態を保つというのが第1法則でしたね。'運動状態を保つ'の意味は，静止している物体はそのまま静止したままであることと，動いている物体は同じ速さで同じ向きに動き続けることの2つを表しています。地上に静止している物体は，地上の観測者が見れば静止状態にあり，地上を東向きに一定の速さで動いている電車の中の観測者から見れば，その物体は西向きに（電車とは逆向きに），電車と同じ速さで動きます。ここまではわかりますね。

わかります。

僕もわかります。

もしこの物体に力が作用していないときは，物体は地上に対して静止したままの状態を保ちます。このことから，地上の観測者は第1法則が成り立っていることに気がつきます。一方，電車の中の観測者が見れば，この物体は西向きに電車と同じ速さで動き続けます。したがって，電車の中の観測者は，物体の運動状態が変化しないと判断します。すなわち，電車の中の観測者が見ても，この物体に対して第1法則が成り立っていることに納得がいくことになります。このことから，地上での観測で第1法則が成り立つとき，地上に対して一定の向きに一定の速さで動いている電車の中で観測しても，第1法則が成り立つことがわかります。だから，ニュートン力学の第1法則は，地上を基準にとった座標系と，電車を基準にとった座標系の2つの基準系で，ともに成り立つことになります。これは，電車の中に静止した物体を観測した場合も同様です。

1-2 別の視点から見直してみる―その1―

🧑 なるほど……。

👨 地上と地上に対して動いている電車を例にとりましたが，時速100キロメートルで走り続ける電車もあれば，時速250キロメートルで疾走する電車もあります。また，東向きに走る電車だけでなく，北向きに走る電車もあります。さらに，ある電車に対して，同じ向きに異なる速さで動く，別の電車もあります。これらは，互いに等速度運動する基準系となりますが，それは無数に存在していて，それらの基準系のすべてで第1法則が成り立ちます。その意味で，ニュートン力学の第1法則は，どれかの基準系を特別扱いすることはなく，非常に広範囲の座標系で成り立っています。ここが，地球を特別視したアリストテレスの考え方と違う点です。

🧑 第1法則の重要性がわかったような気がします。先生，ありがとうございました。

● 別の座標系から見ることの重要性

　O先生とA君，Fさん，H君との問答から，物体の運動の基本的な性質を調べるには，地球重視の考え方から脱却して，様々な視点から運動の仕組みを探ることの重要性が見えてきました。「別の視点（座標系）から見ても成り立つ関係が，運動の基本的なルールである」という認識は，物理学の極めて大切な考え方であり，物理学の基本原理の一つとなっています。それを**相対性原理**といいます。基準のとり方と，相対性原理については，第7章で，もう少し詳しく調べることにします。

1-3 物体の運動 ―力が働いているとき―

物体に力が働いていないときには,その物体の速度(速さと向き)は変化しないことが明らかになりました。それでは,力が作用すると物体の運動はどのように変化するのでしょうか。日常の経験から,静止している物体に力を加えると,その物体は力の向きに動き出すことを知っています。また,動いている物体に動く向きに力を加えると加速されること,動く向きと逆向きに力を加えると減速されることを知っています。さらに,動いている向きとは異なる向きに力を加えると,加えられた力の向きに運動の向きが変化することも知っています。これらをまとめると

物体に力が作用すると,その物体の速度は,力の向きに変化する

となります。ここで,速度という言葉は,運動の速さと向きを意味しましたので,上のまとめの内容は

物体に力が作用すると,その速さと向きが変化する。
向きの変化は,力と同じ向きである

といい直すことができます。

● ニュートン力学の第2法則

これだけでは,速度の変化の大きさと,物体に加えた力の関係が不明確です。力と速度の変化の関係を明らかにするために,ここで速度の変化率という考えを導入します。速度の変化率を**加速度**(減速のときは負の加速度とみなします)とよび,それは単位時間(例えば1秒)あたりの速度の変化の大きさを意味します。

力と加速度の関係を調べる目的で，物体に作用する力をいろいろ変えて，そのときの速度の変化率を調べた結果，

　物体の加速度と，加えられた力は比例する

ことが明らかになりました。このときの比例係数は，物体ごとに異なる大きさをもつ，その物体に固有な物理量です。これをその物体の**慣性質量**（あるいは単に**質量**）といいます。質量は力学において重要な役割を果たす物理量ですが，その意味はなかなかわかりにくいかもしれません。大まかにいうと，質量とはその物体に含まれる物質の量（略して質量）を意味すると考えることができます。

　力と加速度のこの関係が，**ニュートン力学の第2法則**です。詳しいことは第3章で述べますが，物体に作用する力がわかれば，ニュートン力学の第2法則を用いて，物体が今後どのような運動をするかを予測できることになります。そのため，第2法則を**ニュートンの運動方程式**ともよびます。運動方程式を使って物体の運動の様子を調べる手順については，あとの章でじっくりと考えてみることにしましょう。

図1-2　ニュートン力学の第2法則

物体の加速度　　押す力

押す力が2倍になると加速度も2倍になる。

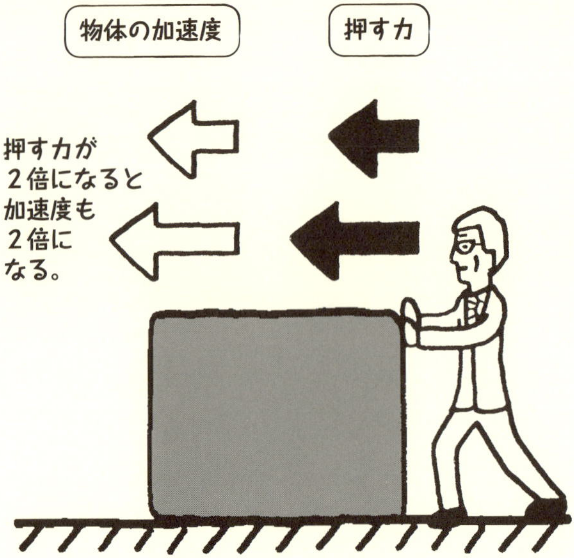

1-4 別の視点から見直してみる —その2—

　物体の運動を別の視点から見直すことの重要性についてはすでに述べました。ここでも，物体に作用する力について，より深く調べるために同じ考察法を採用してみます。

　講義中に，手で支えていた物体を手離したとき，その物体が下方に落下することを実際に確かめて見せたあと，O先生から学生たちに問いかける形で，次のような問答が交わされました。

🧑‍🏫 みなさんが見ていたように，手で支えられている間はある高さに静止していた物体が，手の支えを取り払うと，ひとりでに落下し始めました。このことから何がわかりますか？

🧑 先生が手を離したことで，物体に下向きの力が働いたことです。

🧑‍🏫 なるほど，でも力が働いたことはなぜわかりますか。

🧑 それまで静止していた物体が，手を離したときから落下を始めましたが，それは物体に下向きの加速度が生じたことを意味します。その加速度を生み出したのは物体に作用する力ですから，物体に下向きの力が働き始めたことがわかります。

🧑‍🏫 そうですね。A君の指摘のように，物体に下向きの力が作用することで，この物体は下向きの加速度を得て，落下運動を始めました。この力の正体は，地球が物体を引きつける力です。これを物体に作用する地球の**重力**（または**万有引力**）とよびます。

🧑 地球の重力のことは聞いたことがあります。でもそれは，先生が手を離す前から働いていたのではないですか。

面白いことに気がつきましたね。確かに，地球の重力は手を離す前から物体に作用していました。

では，それまで物体はなぜ静止していたのですか。力が作用していれば，静止している物体は動き始めるはずだと思いますが……。

H君は気づかなかったかもしれませんが，物体を支えていたので，わたしの手は，少しだけですが痛くなっています。それは，落ちないように物体を上向きに支えていたからです。手が物体に上向きの力を加えていたのです。この間，物体には，地球の引力による下向きの力と，手が支える上向きの力の両方が作用し，それが打ち消しあっていたのです。その結果として，物体には全体として力が作用しないことになり，物体は静止していたのです。まだ手が痛いな……(笑)。

そうか。先生が手を離したことで，支える力がなくなり，物体には地球の重力だけが作用することになったのですね。だから，物体が落下を始めたのか。

物体には地球の重力が作用していることをわかってもらったことで，手は疲れたけれど，実験した甲斐がありました。ついでに尋ねますが，この実験からさらにわかることはありませんか。

……。

3人とも黙りこんでしまいましたね。難しいかな。では，ヒントを出しましょう。困ったら，別の視点から見てみることです。

別の視点って……。

物体の運動を考察するには，基準系を決めることが重要だと話しましたね。あらかじめ断っていませんでしたが，ここまでの考察は地球を基準にとっていました。ここで視点を変えて，地球に落下している物体を基準にして考えてみることにします。物体を基準にとれば，物体それ自身は静止していることになりますが，この基準系で

は地球はどのように観測されますか。

物体を基準にとると、物体と地球の間の距離は小さくなるのだから……。そうだ、地球が物体に近づくことになります。

ということは、地球に加速度が生じたことになり、地球を物体の方向に引っ張る力が作用したことになります。

そうです。その通りです。物体を基準にとってみればわかることですが、地球にも力が作用しているのです。

なるほど！

同じ現象を2つの基準系で考察してみました。地球重視の考え方から脱却すれば明らかですが、この2つの基準系は物理的に同等であり、そこで得られた考察結果はどちらも正しいことになります。

図1-3 地球と物体に作用する力

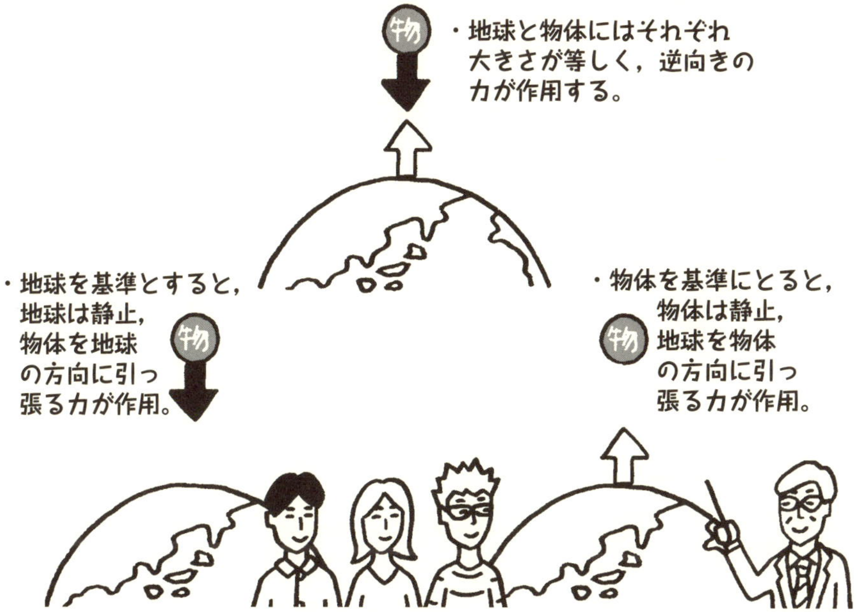

・地球と物体にはそれぞれ大きさが等しく、逆向きの力が作用する。

・地球を基準とすると、地球は静止、物体を地球の方向に引っ張る力が作用。

・物体を基準にとると、物体は静止、地球を物体の方向に引っ張る力が作用。

1-4 別の視点から見直してみる―その2―

ニュートン力学の第3法則

ここで、先生とA君、Fさん、H君の問答を一休みして、問答では述べられなかったことも含めて、上記のことをまとめると

2つの物体間に力が作用するとき、力はどちらか一方にだけ作用するのではなく、各々の物体にそれぞれ大きさが等しく、向きが逆の力が作用する

となります。これを**ニュートン力学の第3法則**とよびます。ある物体が他の物体に力を及ぼすとき、その物体は必ず相手の物体から同じ大きさで逆向きの力を受けるという意味で、これを**作用・反作用の法則**ともいいます。

ここで、再び問答が再開されました。

🧑‍🦰 作用・反作用のことはわかりましたが、まだわからないことがあります。

👨‍🏫 ホー、それは何ですか。

🧑‍🦰 作用・反作用の法則で述べられている力の一つは、2つの物体の片方に作用し、もう一つの力は他の物体に作用するのですよね。

👨‍🏫 そうです。それは重要なポイントです。

🧑‍🦰 だから、落下運動で物体に作用している地球の重力と、地球に作用している力が打ち消しあうことはない……。その理由は、2つの力の向きは逆で大きさは等しいけれど、作用する物体が違うからですね。納得しました。

これで、力学の基本となるニュートン力学の3つの法則は、すべて出そろいましたので、先生と3人の学生の問答はここでひとまず終了します。

1-5 ニュートン力学の3法則

　ここまでは，力学に親しんでもらうために，力学の基本を，言葉で説明してきました。ここには，力学のエッセンスがまとめられています。物体の運動を具体的に解析するためには，それを考察するための基準系（座標系）を設定し，物体の位置と速さが時間の経過によって，どのように変化するかを調べることになります。基準系の選び方には多くの選択肢がありますので，同じ運動を他の基準系で見たとき，物体の運動がどのように観測されるかを調べることも重要です。その問題は，第7章で調べることにします。

　力学で現れる物理量には，位置と速さと質量の組み合わせで表されるものがいろいろありますが，その中には時間の経過によって位置や速さが変化しても，その大きさや向きが変化しない物理量も存在します。その代表的なものが，物体のエネルギーです。エネルギーは，力学で重要な役割を果たすだけでなく，力学の範囲を超えて，物理学のすべての分野で重要な位置を占めています。そのために，エネルギーの概念も力学でしっかり把握したいものです。エネルギーについては，第5章で考えることにしましょう。

● ニュートン力学を学ぶにあたって

　ニュートン力学の第1法則，第2法則，第3法則をまとめて，**ニュートン力学の3法則**といい，これらを基礎とする力学を「**ニュートン力学**」といいます。ニュートン力学は，ボールや電車の運動から天体の運動まで広い範囲にわたって，物体の運動を理解し予測することに成功してきました。

　次章以降では，力学という'森'全体を視野に収めてもらうことを目標に，様々な具体例を通して，物体の運動を調べていくことにします。

その前に，もう一度ニュートン力学の3法則をまとめておくことにしましょう。

> **まとめ**
>
> ニュートン力学の3法則
>
> ●第1法則（慣性の法則）
> いかなる力も作用していないとき，静止している物体はいつまでも静止の状態を保ち，動いている物体は同じ向きに同じ速さで動き続ける。
>
> ●第2法則（運動方程式）
> 物体の加速度と，その物体に加えられた力は比例する。比例係数はその物体の質量である。
>
> ●第3法則（作用・反作用の法則）
> 2つの物体間に力が作用するとき，それぞれの物体には，大きさが等しく，逆向きの力が働く。

第2章
物体の位置の表し方を理解しよう

力学は，物体の運動について調べる物理学の一分野です。物体はいろいろな大きさや形をもっていますので，その運動には，物体全体としての位置の変化，位置を固定したままでの回転，形の変化（大きくなったり小さくなったり）や，これらが複合したものなど，様々な種類の運動が考えられます。地球も一つの物体ですが，太陽の周りを周回する運動（地球の公転），地球自体がコマのように回転する運動（地球の自転），自転軸の変動など，いろいろな運動をしています。

これらの運動は，それぞれ特有の性質をもっていますが，本書では，そのうちで最も基本的な運動である物体全体としての位置の変化に注目します。この章では，位置を表すための基準系についての基礎的な知識と，その基準系を用いて物体の位置を表す方法について詳しく調べます。これは力学を学ぶ上で，最も基礎的な準備となりますので，しっかりと理解することにしましょう。

2-1 位置の表し方

　物体の運動を，その物体全体としての位置の変化に絞って調べることは，物体を近似的に一つの点とみなして，その点の位置の変化に注目することを意味します。物体を全体として一つの点と見たとき，それを**質点**とよびます。質点は，大きさと形をもちませんが，その物体固有の物理量として，質量をもっています。「質量のみをもつ点」，これが質点とよばれる理由です。質点の位置の変化を調べるためには，その位置を表す基準系を決めなければなりません。これからA君とH君の対話を通して，位置の表し方を学びましょう。

　今日の講義がすべて終わったA君とH君が，これからの時間の過ごし方を相談した結果，同じ町に住むA君宅に，H君が遊びに行くことになりました。そこで，A君は自宅の場所をH君に教えることにしました。

言葉で説明するときの自宅の位置の表し方

どこを出発点にすればいいかな。

いま二人がいるここがいいな。

それじゃあ，大学を出発点にしよう。まず大学の正門から出て，左の方向に，道路に沿って50メートル歩いてみて。

正門を出て左に50メートルだね。

そう，50メートル歩くと十字路に出るので，その十字路を左に曲がって，さらに30メートル歩いたところの左側にあるマンションの5階が我が家だよ。

ありがとう。これで迷わないで行けるよ。

　A君は自宅の場所を説明するために，2人がいる大学を出発点にして，そこからどの方向にどれだけ進めばよいのかを説明しました。この説明を聞いたH君の頭の中では，**図2-1**のような簡単な地図ができ上がりました。

図2-1　H君が覚えたA君宅の位置

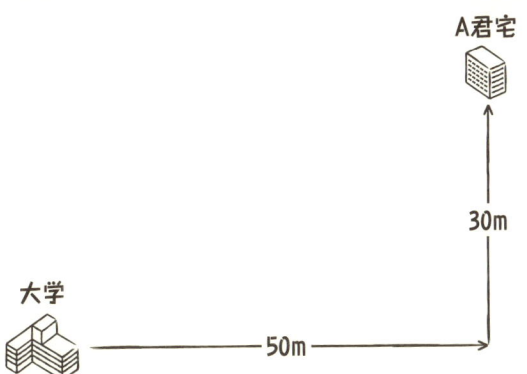

このように，出発点となる場所を決め，そこからどちらの方向に向かって真っすぐにどのくらいの距離を進み，次にその場所からさらに進む方向と進む距離を伝えることで，目的の家の位置を正確に伝えることができます。

地図によるA君宅の位置の表し方

H君は，せっかく聞いたA君宅の場所を忘れないために，簡単な地図を描いてみました。学校を出て左に行くと十字路があり，そこを左に曲がってさらに進むという道順を，1枚の図にしました。地図では，北を上にすることになっているので，道順を表す場合も方角をしっかりと考慮に入れて，図を描くことにします。

A君とH君が通っている大学の正門は，南門といわれているので（南向きに開かれている），正門を出て左に向かって進むというのは，東向きに進むことになるのだと判断しました。そして，十字路を左に曲がるというのは，今度は北に向かって進むのだと考えました。このようにして，H君は**図2-2**のような道順を表す図を完成させました。

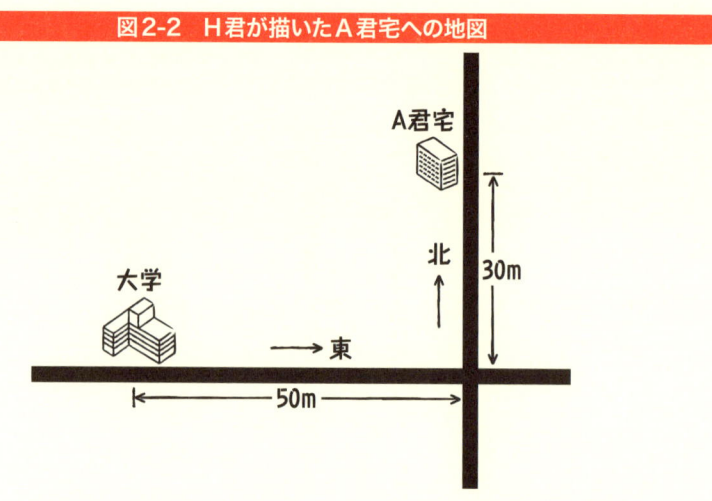

図2-2　H君が描いたA君宅への地図

● H君宅の位置の表し方

　A君宅の位置がわかりましたので，ついでにH君宅の位置をA君に教えることになりました。二人の会話を聞いてみましょう。

🧑‍🦱 出発点は大学でいいね。まず大学の正門から出て，右側に道路に沿って10メートル歩いてみて。

🧑 正門を出て右に10メートルだね。

🧑‍🦱 そうすると十字路に出るので，その十字路を右に曲がって，さらに80メートル歩いたら三叉路があるんだ。その三叉路を左に曲がって40メートル進むと曲がり角になっていて，そこを左に曲がって60メートル進んだ突き当たりにある一軒家が僕の家だよ。

🧑 ありがとう。ちょっとわかりにくいけど頑張って行ってみるよ。

　A君が混乱しないように，H君は自宅への行き方を，**図2-3**のような地図で表してA君に渡しました。大学からH君宅までは複雑な道順ですが，この地図があれば，A君は途中で迷わずにH君宅にたどり着けるでしょう。

図2-3　H君が描いたH君宅への地図

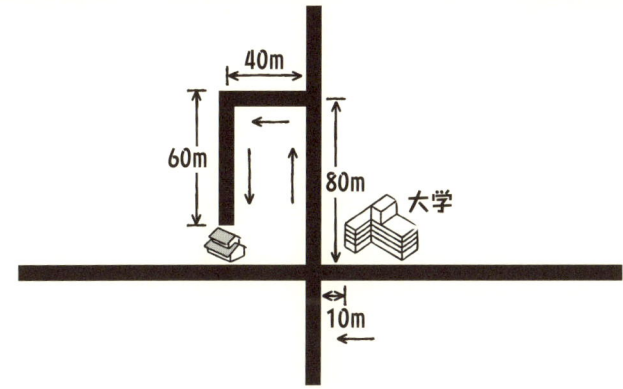

平面上の位置の表し方

　H君の作成した地図のように，建物などへの道順は，ある地点を出発点にして，東，西，南，北という4つの方角を使って，それぞれの方向にどれだけ進むかを，順を追って示すことで表すことができます。

　H君の作成した図を参考にして，建物などの位置のもう少し一般的な表し方を考えてみます。まず，1枚の紙を用意し，その紙の上の1点に基準となる位置の印をつけます。この点を**原点**とよび，記号Oで表します。

　次に，原点Oを通って東西（紙面上で真横）に延びる直線をひきます。この直線を**x軸**とよぶことにします。x軸の向きは，東に向かう方向（紙面で右に向かう方向）を，x軸の正の方向と決めます（西に向かう方向はx軸の負の方向となります）。次に，原点Oを通って南北方向（紙面では上下方向：地図にならって北を上にとる）に延びる直線をひき，これを**y軸**（x軸に直交する軸）とよぶことにします。y軸の向きは，上方（北の方向）を，正の方向と決めます（南の方向はy軸の負の方向となります）。このようにして作られたものが図2-4です。原点Oと，Oを通り，互いに直交する2つの軸（x軸とy軸）からなる図2-4を，**2次元直交座標系**とよびます。2次元は2つの軸をもつことを，直交はこれらの軸が互いに直交していることを意味しています。

図2-4　2次元直交座標系

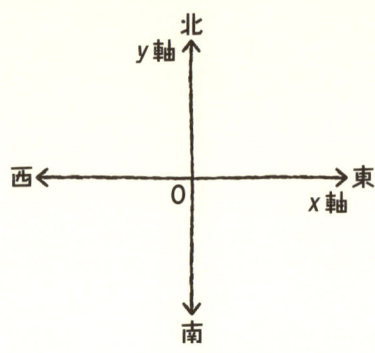

作成された2次元直交座標系(**図2-4**)に,大学とA君宅の位置を表してみましょう。大学を基準にとりましたので,原点OがA大学の位置になります。次にA君宅の位置は,**図2-5**の点Aの位置となります。この図では,各軸の目盛を1メートル単位でとることにして,10目盛り(10メートル)ごとに印をつけてあります。図が示すように,x軸の正の方向に50目盛り(50メートル),y軸の正の方向に30目盛り(30メートル)進んだところが,A君宅です。

図2-5　2次元直交座標系上でのA君宅の位置

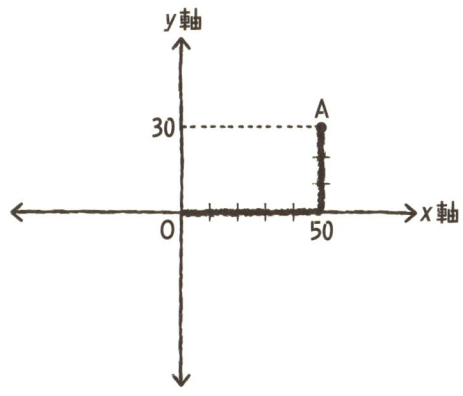

　同様にして,2次元直交座標系上にH君宅の位置を表してみましょう。そのために,H君がA君に渡した道順を,2次元直交座標系に描いてみると,次ページの**図2-6**となります。原点から西の方向はx軸の負の方向を表しますので,原点を出て西に10メートル進んだところは,-10の目盛で表します。-50の目盛も同様の意味を表します。

図2-6　2次元直交座標系上でのH君宅への道順

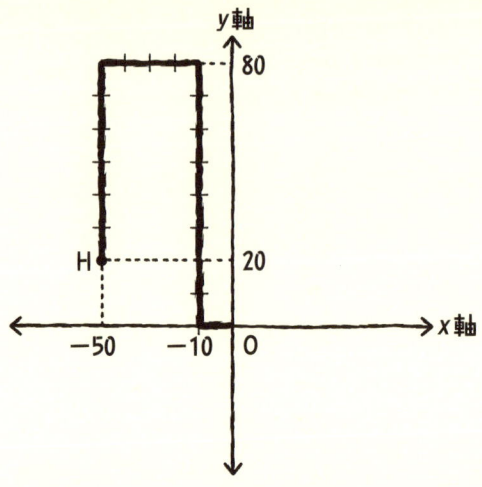

この図からH君宅は、道順を無視すれば、**図2-7**のように、x軸の負の方向に50メートル、y軸の正の方向に20メートルの位置にあることがわかります。

図2-7　道順を無視したときの2次元直交座標系でのH君宅の位置

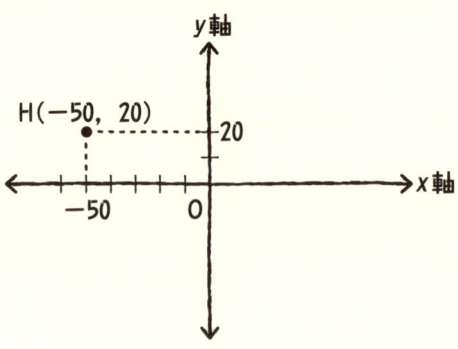

道案内のためには道順は大事な要素ですが、原点を基準にしたときの目的地の位置を表すには、道順はとくに必要ではありません（必要になったとき道順を描き込むか、道路地図を参考にすることにします）。このとき、点A（A君宅）と点H（H君宅）の位置は、**図2-8**のように、それ

それぞれ2つの数字の組(50, 30)と(−50, 20)で表すことができます。点の位置を表す2つの数字の組(x, y)を，それぞれその点の**x座標**，**y座標**とよびます。このとき，記載上の簡便化のために，各座標の長さの単位表示(メートル)は省略することにします。

図2-8　2次元直交座標系でのA君宅とH君宅の位置の表し方

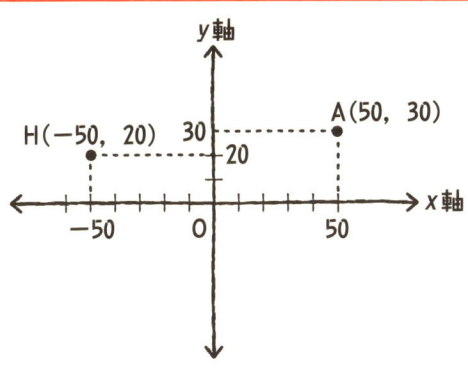

2人の自宅まではどちらが遠い？

図2-2と図2-3に示された道順にしたがって進んだ場合，大学からA君宅までは(50+30=)80メートル，H君宅へは(10+80+40+60=)190メートル歩くことになります。毎日の通学で，H君はA君よりも，片道110メートル多く歩いていることになります。

次に，道順を無視して考えてみることにして，大学からA君宅までの直線距離と，大学からH君宅までの直線距離を求めてみます。大学からそれぞれの自宅までの直線距離を計算するには，中学校の数学で学んだ「三平方の定理」(「ピタゴラスの定理」ともいいます)を用います。三平方の定理は，直角三角形の底辺の長さをa，高さをb，斜辺の長さをcとしたとき，

$$c=\sqrt{a^2+b^2} \tag{2.1}$$

が成り立つことを意味しています。

図2-9　直角三角形における三平方の定理

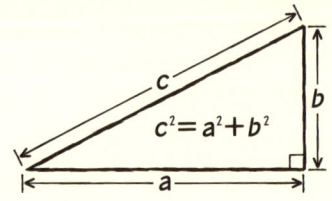

　三平方の定理を使って，まず大学からA君宅までの距離を計算します。**図2-10**を見てみると，原点Oから点Aまでを直線で結んでできる図形は，底辺の長さが50，高さが30の直角三角形になります。この直角三角形の斜辺OAの長さは，式(2.1)から

$$OA = \sqrt{50^2 + 30^2} = \sqrt{3400} \approx 58.3 \tag{2.2}$$

となります。ここで記号≈は，近似的に等しい（ほぼ等しい）を意味します。1目盛の単位が1メートルでしたので，大学とA君宅の直線距離は約58.3メートルであることがわかります。道順にそって進む場合より，20メートル以上も距離が小さくなりました。

図2-10　大学からA君宅までの距離

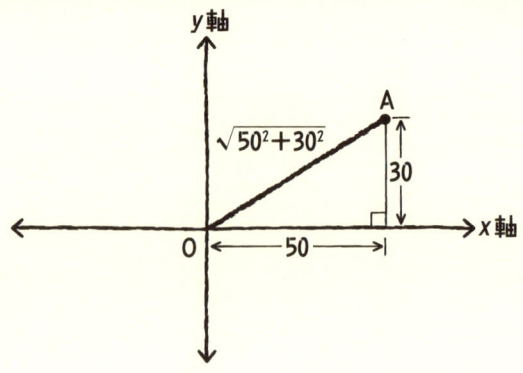

　同じようにして，大学からH君宅までの直線距離を計算します。**図2-11**が示すように，原点Oから点Hまでの距離OHは，底辺の長さが50，高さが20の直角三角形の斜辺の長さですから

$$OH = \sqrt{50^2 + 20^2} = \sqrt{2900} \approx 53.9 \tag{2.3}$$

となって，直線距離は約53.9メートルであることがわかります。H君宅までの直線距離は，道順にそって進む場合よりも，136メートル以上も短いことがわかります。

図2-11　大学からH君宅までの直線距離

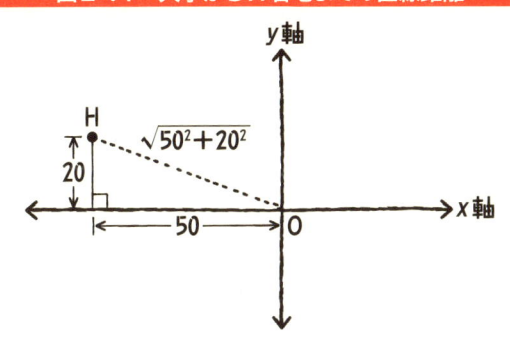

得られた結果を比較すると，道順に沿って進んだ場合とは逆に，大学からそれぞれの自宅までの直線距離は，A君宅よりもH君宅が4.4メートルあまり近いことがわかりました。

大学から各自の自宅までの道順に沿った距離と，直線距離を計算したあとの2人の会話を聞いてみましょう。

🧑 毎日大学に通うのに，A君よりも片道で110メートルも余計に歩いていたんだね。

🧑 僕も知らなかったけど，そうなんだね。

🧑 でも直線距離だと，大学までの距離はずっと小さくなり，少しだけだけど僕の家のほうがA君宅よりも近いんだ。空を飛びたいな……。

🧑 直線距離だと，僕の家も，歩くよりも近いんだね。僕も空を飛べたらな……。

2人は，顔を見合わせて笑い出しました。2人とも空を飛べるといいですね。

高さを考えたときの位置の表し方と距離の求め方

　ここで，A君がH君に教えた自宅の場所について，もう一度思い出してみましょう。A君宅は，マンションの5階にありました。したがって，A君宅の位置を表すには，東西・南北方向の情報だけでは不十分で，地上から5階までの高さも示す必要があります。また，大学からA君宅までの直線距離を計算するときも，5階という高さを考慮に入れなければならないことになります。

　高さを考慮に入れてA君宅の位置を表すために，ここまで利用してきたx軸とy軸で表された2次元平面上に，原点Oを通り平面に垂直な直線を引きます。この直線を**z軸**とよびます。このときz軸の正の方向を上向きにとることにします。原点Oを通り，互いに直交する3つの軸，x軸，y軸，z軸からなる座標系を，**3次元直交座標系**とよびます。3次元というよび方は聞き慣れないかもしれませんが，私たちが日常生活している東西・南北・上下方向のある空間が，3次元空間です（平面は，東西・南北だけですから2次元空間，直線は一方向だけですから1次元空間です）。

図2-12　3次元空間の位置を表す直交座標系

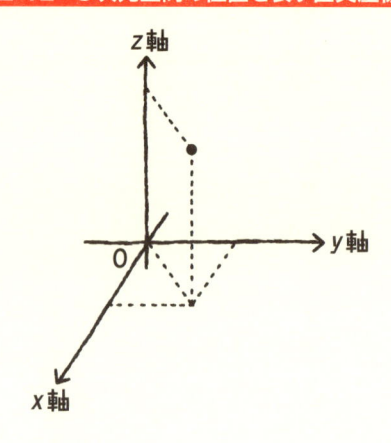

　図2-12の3次元直交座標系で，A君宅の位置を表してみましょう。そのために，2次元座標系での位置を表した**図2-5**の点Aの上に，5階

分の高さ(ここでは10メートルとしています)だけ真上に(z軸の正方向に)登った位置にあらためて点Aを記すと,**図2-13**になります。この点が3次元空間でのA君宅の位置となります。**図2-13**に示したように,点Aの位置は3個の数字の組(50, 30, 10)で表すことができます。

図2-13　3次元直交座標系上でのA君宅の位置の表し方

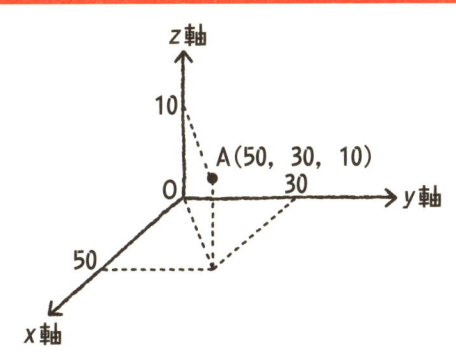

ここで,改めて3次元空間での大学からA君宅への直線距離を計算し直すことにします。まず,点Aからx軸とy軸でつくられる平面(これを **$x-y$平面** とよびます)に垂線を下ろし,それが$x-y$平面と交わる点をA′で表します。このとき,原点Oと点A′および点Aの3点を結んでできる三角形は,線分OA′を底辺,線分AA′を高さとし,線分OAを斜辺とする直角三角形をつくります。

図2-14　3次元空間での学校からA君宅までの直線距離

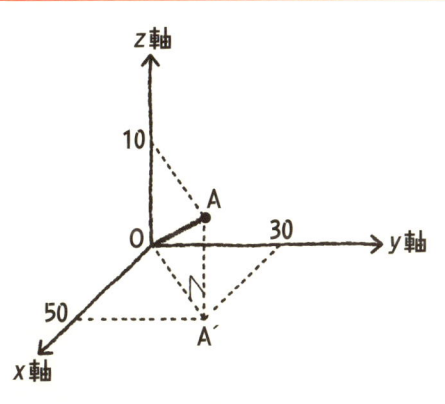

ここでも三平方の定理を使うと，3次元空間での大学とA君宅の距離OAは

$$OA = \sqrt{(OA')^2 + (高さ)^2} \tag{2.4}$$

となります。OA′の長さはすでに求めたように

$$OA' = \sqrt{50^2 + 30^2} \tag{2.5}$$

なので，さらに高さが10メートルであることを考慮すると，式(2.4)は

$$大学とA君宅の距離 = \sqrt{50^2 + 30^2 + 10^2} = \sqrt{3500} \approx 59.2 \tag{2.6}$$

となり，大学からA君宅までの距離は約59.2メートルとなることがわかりました。

一方，H君宅は階段を昇る必要はなかったので，高さはゼロです。したがって，3次元直交座標系でのH君宅の位置は，3個の数字の組(−50, 20, 0)で表されます。大学からH君宅までの距離は(高さを0とおいて)

$$大学とH君宅の距離 = \sqrt{50^2 + 20^2 + 0^2} = \sqrt{2900} \approx 53.9 \tag{2.7}$$

となり，先ほどの計算結果と変わりはありません。

一般的に，3次元空間上の点Pの位置が，3個の数字の組(a, b, c)で表されたとき，原点Oから点Pまでの3次元距離OPは

$$OP = \sqrt{a^2 + b^2 + c^2} \tag{2.8}$$

となります。3次元空間での距離の計算というと，大変複雑なイメージをもつかもしれませんが，ここで紹介したように3次元空間は，2次元空間に軸が1つ増えただけなので，距離の計算法の基本的な考え方は2次元空間の場合と違いはありません。

2-2 位置を表す位置ベクトル

3次元空間の物体の位置Pは，3次元直交座標系を用いると，3個の数(a, b, c)で表されました。ここで，a, b, cは，それぞれ

- 原点Oからx軸に沿ってa進み
- 次にy軸に沿ってb進み
- さらにz軸に沿ってc進む

と，点Pに到達することを意味します（進み方の順番は違っても構いません）。また，原点Oと点Pの距離rは，$r=\sqrt{a^2+b^2+c^2}$でした。

ベクトル量とスカラー量

ここで，物体の位置を表す**力学量**（力学で用いられる物理的な意味をもつ量）として，**位置ベクトル**を導入します。位置ベクトルは原点を基準にとったときの，物体の位置（距離と方向）を表す力学量です。一般に，大きさだけでなく，方向も表す量を**ベクトル量**といいます。それに対して，これまでに登場していた，大きさだけをもつ量を，**スカラー量**といいます。スカラー量とは違って，大きさと方向の2つの意味を同時にもつベクトル量とは，初めての出会いかもしれません。今後，力学では，異なる力学的意味をもつ，他のベクトル量も出てくることになります。

いろいろなベクトル量の中で，最初に登場した位置ベクトルについて，もう少し詳しくみてみましょう。3次元直交座標系で物体の位置Pが3個の数の組(a, b, c)で表されるとき，Pの位置ベクトルを，rに矢印を付けた量$\vec{r}$で表すことにします。$\vec{r}$を

$$\vec{r} = \begin{pmatrix} a \\ b \\ c \end{pmatrix} \tag{2.9}$$

と表すこともあります。このとき，3つの数字a，b，cをそれぞれ，ベクトル$\vec{r}$の**x成分**，**y成分**，**z成分**といいます。

原点とPの距離$r=\sqrt{a^2+b^2+c^2}$は，大きさだけをもつスカラー量です。

図2-15 位置ベクトル$\vec{r}$

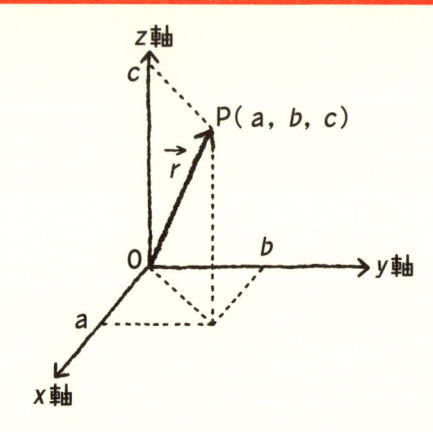

2-3 ベクトルの取り扱い方

　スカラー量については，和・差・積・商の四則演算ができます。新しく導入されたベクトル量についても，和と差および積の演算が可能です（商の演算はありません）。ここでは，ベクトル量の演算についてまとめます。
　ベクトルは，それを表す文字の上に，矢印をつけて表しました。例えば，次の式

$$\vec{A} = \begin{pmatrix} A_x \\ A_y \\ A_z \end{pmatrix} \tag{2.10}$$

で与えられる $\vec{A}$ は，3個の量 A_x，A_y，A_z で与えられるベクトルを表します。このとき，A_x，A_y，A_z は，それぞれベクトル $\vec{A}$ の x 成分，y 成分，z 成分です。また，$|\vec{A}| = \sqrt{A_x^2 + A_y^2 + A_z^2}$ は，ベクトル $\vec{A}$ の大きさを表すスカラー量です。

● ベクトルの和と差

ベクトル $\vec{A}$ と $\vec{B}$，

$$\vec{A} = \begin{pmatrix} A_x \\ A_y \\ A_z \end{pmatrix}, \quad \vec{B} = \begin{pmatrix} B_x \\ B_y \\ B_z \end{pmatrix} \tag{2.11}$$

の和 $\vec{A} + \vec{B}$ と差 $\vec{A} - \vec{B}$ は

$$\vec{A} + \vec{B} = \begin{pmatrix} A_x \\ A_y \\ A_z \end{pmatrix} + \begin{pmatrix} B_x \\ B_y \\ B_z \end{pmatrix} = \begin{pmatrix} A_x + B_x \\ A_y + B_y \\ A_z + B_z \end{pmatrix} \tag{2.12}$$

$$\vec{A} - \vec{B} = \begin{pmatrix} A_x \\ A_y \\ A_z \end{pmatrix} - \begin{pmatrix} B_x \\ B_y \\ B_z \end{pmatrix} = \begin{pmatrix} A_x - B_x \\ A_y - B_y \\ A_z - B_z \end{pmatrix} \tag{2.13}$$

となります。すなわち，ベクトルの和（または差）は，またベクトルであり，その成分は，もとのベクトルの各成分ごとの和（または差）となります。

　時間と長さ（例えば，1秒と1メートル）を，足したり引いたりすることはできません。それは，時間と長さでは，物理的な意味が違うからです。ベクトルの場合も同じように，異なる物理的意味をもつ2種類のベクトルを，足したり引いたりすることはできません。同じ物理的意味をもつベクトルどうしでだけ，足したり引いたりできることに注意してください。

図2-16　ベクトル$\vec{A}$と$\vec{B}$の和と差

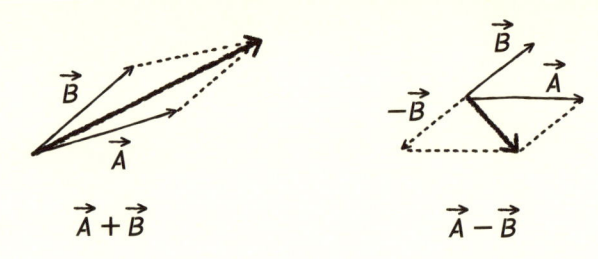

$\vec{A}+\vec{B}$　　　　　　　　　$\vec{A}-\vec{B}$

● ベクトルの積

　スカラー量どうしの積は，その積がスカラー量となる1種類だけでしたが，ベクトル量の積には，積がスカラー量となる**スカラー積（内積）**と，積が別のベクトル量となる**ベクトル積（外積）**の，2種類があります。

● スカラー積（内積）

　ベクトル$\vec{A}$と$\vec{B}$のスカラー積は，$\vec{A}\cdot\vec{B}$で表され，

$$\vec{A}\cdot\vec{B}=|\vec{A}||\vec{B}|\cos\theta=A_xB_x+A_yB_y+A_zB_z \tag{2.14}$$

で与えられます。ここで，$|\vec{A}|$と$|\vec{B}|$はそれぞれ$\vec{A}$と$\vec{B}$の大きさ，θは$\vec{A}$と$\vec{B}$のなす角です。2つのベクトルのスカラー積は，大きさだけをもつスカラー量となることに注意しましょう（これがスカラー積の名前の由

来です）。$\vec{A}$と$\vec{B}$が直交するとき（$\theta=\frac{\pi}{2}=90°$のとき），$\vec{A}$と$\vec{B}$のスカラー積はゼロとなります（$\cos\frac{\pi}{2}=0$なので）。

ベクトル積（外積）

ベクトル$\vec{A}$と$\vec{B}$のもう一つの積は，その積が大きさと方向をもつ，別のベクトルとなります。この積を$\vec{A}$と$\vec{B}$のベクトル積とよび，$\vec{A}\times\vec{B}$で表します。$\vec{A}$と$\vec{B}$のベクトル積でつくられる新しいベクトルを$\vec{C}$で表すと$\vec{C}=\vec{A}\times\vec{B}$，$\vec{C}$の大きさ$|\vec{C}|$は

$$|\vec{C}|=|\vec{A}||\vec{B}|\sin\theta \tag{2.15}$$

です。$\vec{C}$は$\vec{A}$と$\vec{B}$でつくられる平面に垂直で，その向きは**図2-17**に示す方向となります。

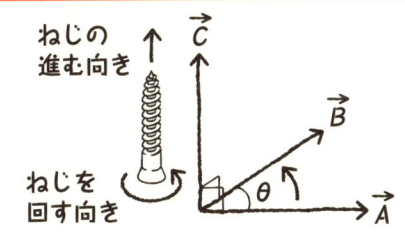

図2-17　$\vec{A}$と$\vec{B}$のベクトル積$\vec{C}$

ベクトル$\vec{A}$をベクトル$\vec{B}$に重ねる向きにねじを回したとき，ねじの進む向きがベクトル$\vec{C}$の向きになる。

また，ベクトル積の成分表示は

$$\vec{A}\times\vec{B}=\begin{pmatrix}A_x\\A_y\\A_z\end{pmatrix}\times\begin{pmatrix}B_x\\B_y\\B_z\end{pmatrix}=\begin{pmatrix}A_yB_z-A_zB_y\\A_zB_x-A_xB_z\\A_xB_y-A_yB_x\end{pmatrix} \tag{2.16}$$

となります。

式(2.16)から，ベクトル積では，2つのベクトルの積の順序を変えれば，向きが逆となること（$\vec{A}\times\vec{B}=-\vec{B}\times\vec{A}$），および同じベクトルどうしのベクトル積はゼロ・ベクトル量となること（$\vec{A}\times\vec{A}=\vec{0}$：ベクトル$\vec{A}$の大きさがゼロでなくても）がわかります。ゼロ・ベクトルとは，大きさがゼロで，方向を定義できないベクトル（すなわち，3つの成分がすべ

てゼロであるベクトル）を意味します。

　積の順序を変えると符号が変わること，大きさがゼロでないベクトル量の，それ自身とのベクトル積がゼロ・ベクトルとなることは，とても不思議な興味深い性質であり，スカラー量の積では出会ったことのない新しい性質といえます。

　異なる物理的意味をもつ2種類のベクトルの和および差を定義することは不可能でしたが，スカラー積とベクトル積は，同じ物理的な意味をもつベクトルどうしだけでなく，異なる物理的な意味をもつ2つのベクトルに関しても定義できます。

コラム　力学こぼれ話　「1日は24時間？」

　太陽や月の動きを観測することで，人類は古くから時間の概念をもっていました。長さ・質量とともに，時間は力学の基本的な物理量の一つです。時間を測定する単位としての1時間・1分・1秒などは，どのようにして決められるのでしょうか。

　子どもの頃から時間の単位について，1日の24分の1が1時間，その60分の1が1分，そしてその60分の1が1秒と教えられてきました。O先生，1日は24時間でよいのですね。

　厳密にいえば1日にも，地球が1回自転するのに要する時間（これを1恒星日といいます）と，太陽が真南に来てから次に真南に来るまでに経過する時間（これを1太陽日といいます）があります。太陽日は季節によって変化しますので，ここでは恒星日を考えることにしますが，1恒星日は24時間ではなく，23時間56分4.091秒です。

　エー，1日は24時間ではないのですか。それでは，1太陽日が24時間なのですか。

😑 残念ながら，1太陽日も24時間ではないのですよ。

👩 1日に，恒星日と太陽日があることは知らなかったし，そのどちらも24時間ではないなんて，なんだかよくわからないですね。これまで思っていたことと違うので驚きました。

😑 もともと，太陽や恒星の日周運動（地球の自転により天体が東から昇って西に沈む動き）と季節の変化から，時間の経過というものに気づいたので，最初は1日を24時間とし，それを基準にして分と秒を決めていました。その後，14世紀頃に天体の動きとは別の周期的な運動を基準にして，時間の経過を測る時間測定装置としての時計が発明されました。この結果，時間の測り方として天体の動きを基準にした測定法と，時計による測定法の2通りが可能になったのです。

🧑 時計の発明のことは読んだことがあります。砂時計などを別にすれば，最初に発明されたのは，機械仕掛けの時計（機械時計）で必ずしも精度が高いわけではなかったけれど，そのことで時間を測ることと時刻を多くの人々に告知することが，大変便利になったと書いてありました。

👩 その話は私も読んだことがあります。その後20世紀の中頃になって，クォーツ時計・原子時計が発明され，時計による時間測定の精度が飛躍的に高まったことも書いてありました。

🧑 計時装置としての時計の発明と，1日が24時間でなくなったことは，関係あるのですか。2通りの時間の測り方があっても，1日を24時間と決めておけば，1日の長さは24時間のままですよね。何も問題はないように思うのですが……。

😑 天体の動きを基準にして測定した時間の長さと，時計を用いて測定した時間の長さがいつも同じであれば，確かにH君が指摘した

とおり，1日を24時間と決めておくことで問題はなかったのです。しかし，時計の精度が向上したことで，2通りの時間測定に食い違いが出てくることが明らかになりました。

つまり，天体の動きを基準にした時間測定を，仮に天体時計による時間測定とよんだとき，最初に天体時計と原子時計の時刻を合わせておいても，時間が経つと2つの時計が示す時刻に違いが出るということですか。

その通りです。2種類の時計の進みが違うことが明らかになった結果，時間の単位を決める基準としては，どちらか一方の時計を選ぶ必要が出てきました。そこで，いろいろな国の関係者が集まって相談した結果，原子時計を時間測定の基準にすることになったのです。

わかりました。それで1日が24時間ちょうどではなくなったのですね。

これにはおまけがあります。原子時計を基準にとると，天体時計が遅れることも発見されました。天体時計が遅れることは，1日が長くなること，すなわち地球の自転が少しずつ遅くなっていることを意味します。これは原子時計を基準にとったことで明らかになったことといえます。

これまであまり考えたことはありませんでしたが，時間の単位の決め方もなかなか奥が深いのですね。先生，楽しい話をありがとうございました。

第3章
運動状態の表し方を理解しよう

前章では，物体の位置を表す基準系と，その基準系を用いて位置を表す方法として，3次元直交座標系が導入されました。また，この座標系で位置を表すために，位置ベクトルが重要な役割を果たすことをみました。本章では，この座標系での物体の運動の表し方をみることにします。

3-1 速度ベクトル

　ここでは，位置の変化の様子を表す量として，速度ベクトルと加速度ベクトルが出てきます。前章で説明した位置ベクトルと，この章で説明する速度ベクトルと加速度ベクトルは，物体の運動を調べる上で最も基本的な役割を果たすことになります。本章の最後では，これらの量を用いて，力学の基礎方程式であるニュートンの運動方程式を再考します。

　それでは，A君と彼の親友であるFさんに登場してもらうことにして，2人の会話を図で補いながら，物体の運動の仕組みについて調べることにします。

　あるとき，A君は友人のFさん宅に車で遊びに行くことにしました。Fさん宅は，A君の自宅前を真っ直ぐ南北に延びる国道を，北に向かって60キロメートル進んだところにあります。

平均の速さを求める

A君は，自宅を出てから1時間後に無事Fさん宅に着きました。出迎えたFさんとの間で，早速道中のドライブの様子について会話が始まりました。

🧑‍🦰 いらっしゃい，ここまで来るのにどれくらいの時間がかかったの？

👦 自宅を出たのが9時10分で，今が10時10分なので，ちょうど1時間で着いたね。

🧑‍🦰 1時間か……。2人の家の間の距離は60キロメートルよね。

👦 そうだよ。

🧑‍🦰 ということは，60キロメートルの距離を1時間で移動したのだから，A君の車の平均の速さは，移動した距離を移動に要した時間で割ると，えーと……。

$$車の平均の速さ = \frac{移動した距離}{移動に要した時間} = \frac{60キロメートル}{1時間}$$
$$= 60 \,(\mathrm{km/h}) \tag{3.1}$$

なので，時速60キロメートルかな。
（ここでkmは長さの単位「キロメートル」を，hは時間の単位「時間」を表します。）

図3-1　A君宅からFさん宅までの距離と移動時間

A君宅 ——— 1時間 🚗 ——— Fさん宅
|←——— 60km ———→|
平均時速60km/h

🧑 確かにそうだけど，しかし全行程を一度に考えるのは，すこし荒っぽいので，もう少し細かくみてみたいね。60キロメートルを，6等分すると1区間は10キロメートルで，また1時間を6等分すると，60分÷6だから，各区間を移動するのに要した時間は10分となるね。

A君がFさん宅に着くまで車が同じ速さで動いたとして，この間に要した1時間を10分ごとに分割して，各10分ごとの移動距離を図示すると**図3-2**となります。

図3-2 移動距離と経過時間

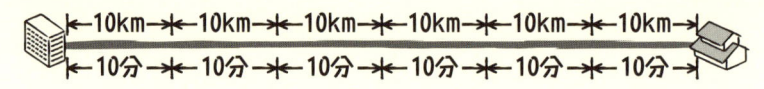

A君宅 ←10km→←10km→←10km→←10km→←10km→←10km→ Fさん宅
←10分→←10分→←10分→←10分→←10分→←10分→

👩 ということは，10キロメートルを10分（6分の1時間）で割ると

$$\text{最初の10分間の平均の速さ} = \frac{10\text{キロメートル}}{10\text{分}} = \frac{10\text{キロメートル}}{\frac{1}{6}\text{時間}}$$
$$= 60\,(\text{km/h}) \qquad (3.2)$$

だから，最初の1区間の平均の速さも時速60キロメートルね。他の区間も同様なので，すべての区間での平均の速さは，時速60キロメートルとなり，全区間をまとめて考えたときと同じ速さなのね。ということは，区間をもっと小さくとっても，事情は同じね。

ここで2人の会話を一時中断し，内容について少し補足します。移動距離を縦軸に，移動時の経過時間を横軸にとって，A君の移動の様子を図示すると，**図3-3**，**図3-4**になります。

図3-3 移動距離と経過時間のグラフ

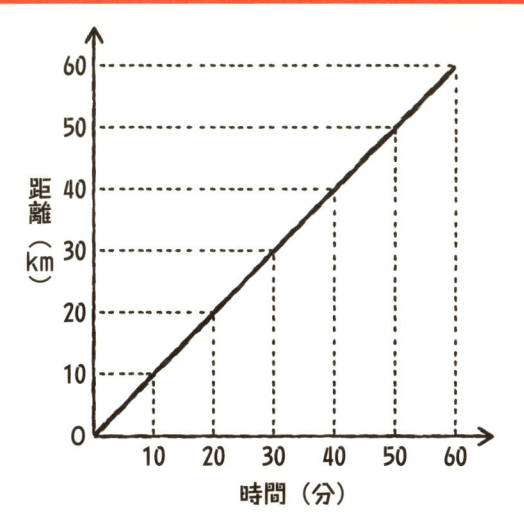

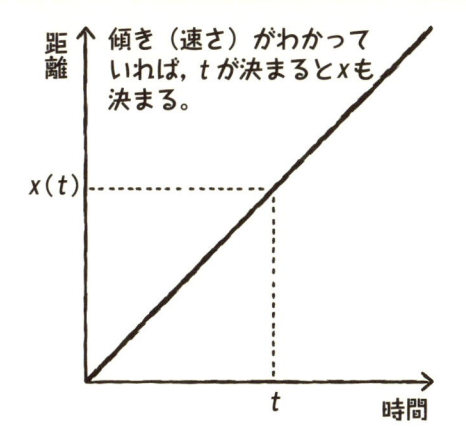

図3-4 移動距離 x と移動に要した時間 t の関係

傾き（速さ）がわかっていれば、t が決まると x も決まる。

次ページの**図3-5**で示すように、**図3-4**での直線の傾きの大きさは、各時間間隔ごとの平均の速さを表します。

図3-5　平均の速さとグラフの傾きの関係

$$速さ = \frac{位置の変化}{時間の経過} = グラフの傾き$$

A君とFさんの会話が再開されました。

🙂 ここまで来るときに，いつも同じ速さで動いていたとすれば，確かにそうだね。しかし，実際には止まっていた状態から動き始めて，少しずつ速さを大きくしたのだし，途中では運よく信号で止められることがなかったので，ほぼ同じ速さで運転してきたけれど，Fさん宅に近づいたときはスピードを落として最後に停止したのだから，車の速さはいつも同じではなかったよ。

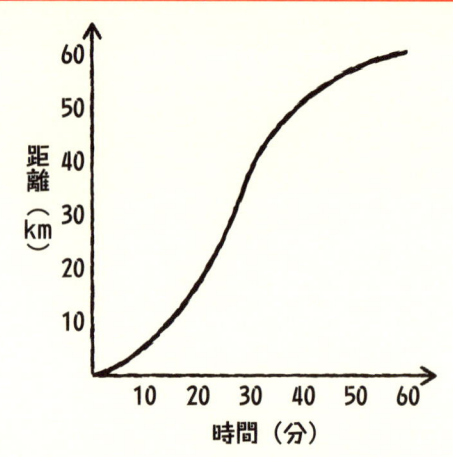

図3-6　実際の移動距離と経過時間の関係

図3-6のグラフの曲線の傾きは，経過時間によって異なります。この曲線は，初めはゆっくりと動き出し，そのうちスピードが大きくなって，その後ほとんど同じ速さで移動したあと，目的地に近づいたときブレーキをかけてスピードを落とし，最後に停止したことを表しています。

👧 それはそうね。車のスピードメーターも，途中でいろいろ変動しただろうし……。ところで，スピードメーターが表示する値はどんな意味があるのかな。

👦 スピードメーターはその瞬間の車の速さを表しているのだと思うよ。

👧 平均の速さはわかるけど，その瞬間の速さって？

各瞬間の速さを求める

　Fさんの疑問に答えるために，速さについてもう少し詳しくみてみることにしましょう。もう一度，図3-6に戻って考えます。この図は，A君の実際の移動の様子を表した曲線ですが，いろいろな区間ごとの平均の速さは，区間の取り方によってまちまちであり，それは全体の平均の速さとは違っています。これは速さが一定であった場合と大きく異なる点です。

図3-7　出発してから20分間の平均の速さ

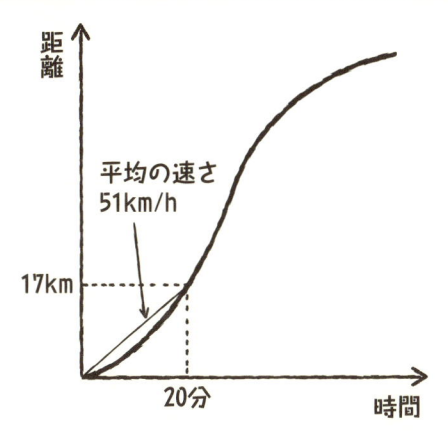

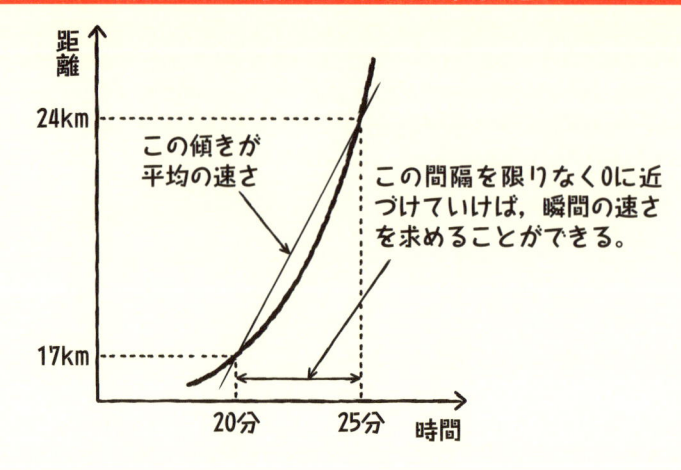

図3-8　20分後から25分までの平均の速さ

　図3-7や図3-8のような区間ごとの平均の速さが違う状況で突然，ある瞬間の速さといわれても，それがどのようにして決められるのか，Fさんでなくてもなかなか理解しにくいかもしれませんね。そこで，A君に代わって，**瞬間の速さ**とは何かについて少し丁寧に説明することにします。

　まず，区間ごとの平均の速さの求め方はわかっていますので，できるだけ区間を細かく区切って，その区間ごとの平均の速さを求めることにします。図3-9の縦軸は移動距離xを，横軸は移動の経過時間tを表しています。移動距離は時間の関数ですから，経過時間tにおける移動距離は$x(t)$と表されます。このとき，曲線は時間tの関数$x(t)$を描いたものです。横軸上に，経過時間tと$t+\Delta t$をとり，この時刻における移動距離を，それぞれ$x(t)$と$x(t+\Delta t)$とします。このとき，時刻tと$t+\Delta t$間の平均の速さを$\overline{v}(t)$で表すと

$$\overline{v}(t) = \frac{x(t+\Delta t) - x(t)}{(t+\Delta t)-(t)} = \frac{x(t+\Delta t) - x(t)}{\Delta t} \tag{3.3}$$

となります（vは速さを表す英単語velocityの頭文字です）。$v(t)$の上の横線'―'は平均を意味します。

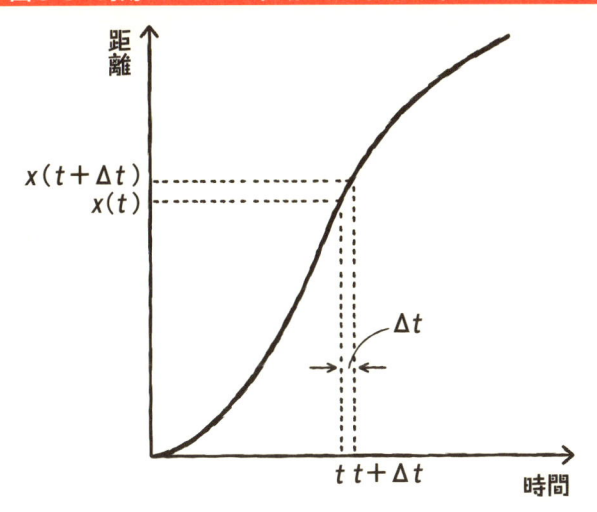

図3-9　時刻tと$t+\Delta t$で区切られた区間の平均の速さ

　ここまでは，いろいろな区間の平均の速さを求めるために，今までに行ったのと同じ手続きをとっています。

　ここで時間間隔Δtを限りなく小さくとることにします。時間間隔Δtを小さくとればとるほど，時刻$t+\Delta t$は時刻tに近づき，$x(t+\Delta t)$は$x(t)$に近づきます。このとき，式(3.3)は，非常に短い時間間隔での平均の速さとなります。その極限として，Δtを限りなくゼロに近づける(時刻$t+\Delta t$を限りなくtに近づける)ことにします。そのときの平均の速さは，距離$x(t)$の単位時間(例えば1秒)当たりの変化率を表しますが，これが時刻tにおける瞬間の速さです。

　時間間隔Δtを限りなく0に近づけること(Δtが0となる極限をとること)を，記号$\Delta t \to 0$で表すと，時刻tにおける瞬間の速さ$v(t)$は

$$v(t) = \lim_{\Delta t \to 0} \frac{x(t+\Delta t) - x(t)}{\Delta t} \tag{3.4}$$

で与えられます。式(3.4)の$\lim$は，$\Delta t \to 0$の極限をとることを表します。

　式(3.4)の右辺では，まず$x(t+\Delta t)-x(t)$とΔtの比を計算し，得られた結果について$\Delta t \to 0$の極限をとりましたが，この手続きを$x(t)$をtで**微分する**といいます。また，$x(t)$をtで微分して得られた結果を，$x(t)$のtに関する**微分係数**(または単に**微分**)といい，$\dfrac{dx(t)}{dt}$で表します。す

第3章　運動状態の表し方を理解しよう

3-1 速度ベクトル

なわち，時刻 t における瞬間の速さ $v(t)$ は，$x(t)$ を t で微分

$$v(t) = \lim_{\Delta t \to 0} \frac{x(t+\Delta t) - x(t)}{\Delta t} = \frac{dx(t)}{dt} \tag{3.5}$$

することで求めることができます。

👧 A君の言った，瞬間の速さの意味がわかったわ。極めて短い時間間隔での平均の速さ……，言いかえると**距離の変化率**のことなのね。

👦 先ほどは，何となく瞬間の速さと言ったけど，僕も今その意味がはっきりしたよ。車のスピードメーターが表している速さは，距離を時間で微分したものなのか！　これからはメーターの示す速さをみるとき，距離の微分を思い出しそうだね……（笑）。

👧 私もそうなりそうだわ。でもそれに気を取られて運転がおろそかにならないように注意しなくちゃ。

🔴 速度と速度ベクトル

　Fさんの家は，A君の自宅から北の方向に真っ直ぐ進んだところにあったので，一方向の移動（1次元の運動）を考えるだけで考察が済みました。しかし，一般的な場合には，物体は3次元空間を移動しますので，南北の方向だけでなく，東西の方向や，上下方向への移動も起こります。

👧 A君宅からここまでは，平坦で真っ直ぐな道だったわね。

👦 そうだよ。だから，ここまでの移動の様子は一つの関数 $x(t)$ だけで表せたのさ。

👧 そうよね。でも，一般的には，道が曲がりくねっていたり，坂道を登ったり下ったりで，途中の移動の様子はもっと複雑なことが多いのではないかしら。

🧑 そんな場合は，3次元直交座標系を用いて，位置ベクトルで車の移動の様子を表せば，一つの関数だけの場合と同じように考えることができるよ。

👩 そうか，位置ベクトルという便利なものがあったんだ。えーと，車の位置は時間が経つにつれて変化するので，先ほど$x(t)$が時間の関数であったのと同じように，今の場合も車の位置を表す位置ベクトルは時間の関数となる……。ちょっと待っていてね。

ここでFさんは突然1枚の紙を取り出して，そこに図と式を書き出しながら，話を続けました。

👩 直線を動いた場合と考え方は同じだから，時刻tのときの車の位置を表す位置ベクトルを$\vec{r}(t)$とし，次に少し後の時刻$t+\Delta t$のときの車の位置が$\vec{r}(t+\Delta t)$で表されたとしましょう。この場合，時刻tと$t+\Delta t$の間に，車は$\vec{r}(t)$から$\vec{r}(t+\Delta t)$まで移動したのだから，この間の位置の変化は$\vec{r}(t+\Delta t)-\vec{r}(t)$であり，その間に経過した時間は$\Delta t$となる。時刻$t$から$t+\Delta t$までの車の平均の速さは，移動距離を移動に要した時間で割ればよいので，それはこの式で表される。A君，これでいいかしら？

FさんがA君に見せた紙には次のような式が書かれています。

$$3次元空間での平均の速さ = \frac{\vec{r}(t+\Delta t)-\vec{r}(t)}{\Delta t} \tag{3.6}$$

Fさんの式に少し説明を付け加えます。ベクトル$\vec{r}(t+\Delta t)$とベクトル$\vec{r}(t)$の差はベクトル量でしたので，これを$\Delta\vec{r}(t)$で表すことにします。$\Delta\vec{r}(t)$をΔtで割ったものはやはりベクトル量ですので，式(3.6)の平均の速さはベクトル量となります。これを$\vec{v}(t)$で表したとき，その成分表示は

第3章 運動状態の表し方を理解しよう

3-1 速度ベクトル

$$\vec{v}(t) = \frac{\Delta \vec{r}}{\Delta t} = \begin{pmatrix} \frac{\Delta x(t)}{\Delta t} \\ \frac{\Delta y(t)}{\Delta t} \\ \frac{\Delta z(t)}{\Delta t} \end{pmatrix} \tag{3.7}$$

となります。ここで $\Delta \vec{r}(t)$ の成分表示が

$$\Delta \vec{r} = \vec{r}(t+\Delta t) - \vec{r}(t) = \begin{pmatrix} x(t+\Delta t) \\ y(t+\Delta t) \\ z(t+\Delta t) \end{pmatrix} - \begin{pmatrix} x(t) \\ y(t) \\ z(t) \end{pmatrix} = \begin{pmatrix} \Delta x(t) \\ \Delta y(t) \\ \Delta z(t) \end{pmatrix} \tag{3.8}$$

となることを使いました。ただし，$\Delta x(t) = x(t+\Delta t) - x(t)$，$\Delta y(t) = y(t+\Delta t) - y(t)$，$\Delta z(t) = z(t+\Delta t) - z(t)$ です。

Fさんが示した式を見て

> 平均の速さはこれで正しいと思うよ。僕の車の速さを求めたときと同じように，物体の瞬間の速さ（位置の変化率）がその物体の速さなので，Fさんの式でΔtを限りなく小さくとると，3次元運動における物体の位置の変化率は……。これでいいかな。3次元空間では位置の変化率もベクトル量なので，それがわかるようにベクトルの記号を使って表したのだけど。

と言いながら，Fさんから渡された紙にA君が次の式を書き込みました。

$$\frac{d\vec{r}(t)}{dt} = \lim_{\Delta t \to 0} \begin{pmatrix} \frac{\Delta x(t)}{\Delta t} \\ \frac{\Delta y(t)}{\Delta t} \\ \frac{\Delta z(t)}{\Delta t} \end{pmatrix} = \begin{pmatrix} \frac{dx(t)}{dt} \\ \frac{dy(t)}{dt} \\ \frac{dz(t)}{dt} \end{pmatrix} \tag{3.9}$$

少し説明を追加します。物体の位置の変化率 $\frac{d\vec{r}(t)}{dt}$ を，時刻 t における物体の**速度ベクトル**（または単に**速度**）とよび，ベクトル記号を使って $\vec{v}(t)$ で表します。その成分表示は

$$\vec{v}(t) = \begin{pmatrix} v_x(t) \\ v_y(t) \\ v_z(t) \end{pmatrix} \tag{3.10}$$

となります。その大きさ $|\vec{v}(t)|$ は

$$|\vec{v}(t)| = \sqrt{v_x^2 + v_y^2 + v_z^2} \tag{3.11}$$

で表されます。速度ベクトルの大きさが、3次元空間でのその物体の動く速さです。

図3-10　x, y, z の各方向に速さをもつ速度ベクトル

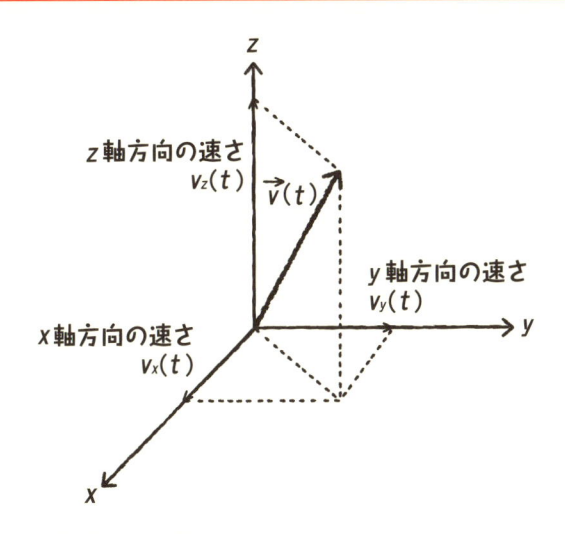

図3-11　速度ベクトルの大きさ

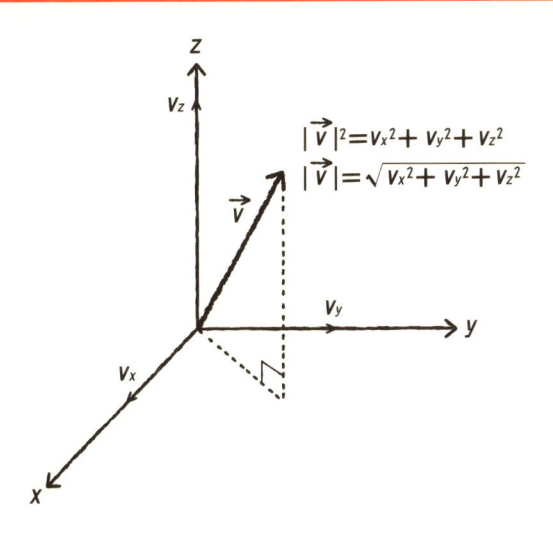

A君が紙に書いた内容を見ながら，Fさんが言いました。

🧑‍🦰 物体が東西・南北・上下に動く場合でも，3次元直交座標系のベクトルを使えば，直線運動の場合と同じように議論できるのね。3次元運動の場合でも，基本的な考え方は，直線運動の場合と同じだからなのね。

🧑 そうだね。これで速度ベクトルのことが理解できたけど，速度ベクトルも時間が経つにつれて変化する場合も考えられるね。とすると……。

A君の話は次のところで取り上げます。

3-2 加速度ベクトル

自動車を運転する場合，発車するときや速度を上げるときには，アクセルを踏んで加速します。また，スピードを落とすときや停止するときは，ブレーキを踏んで減速します。このように，加速したり減速したりして，途中で速さが変化する運動を，**加速運動**とよびます（減速は負の加速と考えます）。一方，速さが変化しない運動を，**等速運動**といいます。

● 加速の大きさ―速さの変化率―

時間によって速さが変化している自動車の運動は，**図3-12**のように表すことができます。この図では，時刻0からt_1まで徐々に速さが増えていき，t_1からt_2までは一定の速さ（等速運動）を保っています。そして，t_2からは速さが減っていき，やがて速さ0，つまり停止します。この自動車は，時刻0からt_1が正の加速運動，t_1からt_2が等速運動，t_2から停止までが負の加速（減速）運動ということになります。

図3-12 加速（減速）運動と等速運動

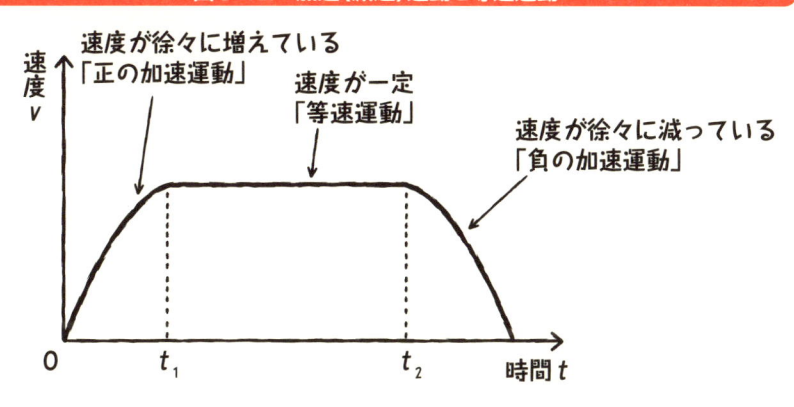

速度が徐々に増えている「正の加速運動」
速度が一定「等速運動」
速度が徐々に減っている「負の加速運動」

縦軸：速度 v／横軸：時間 t（0, t_1, t_2）

図3-12は一方向にだけ動く場合の運動を表していますが，実際には東西・南北・上下方向に移動する3次元の運動を考える必要があります。3次元の加速(減速)運動では，時間が経つにつれて速度(速さと方向)が変化しますので，速度は時間の関数となります。これをベクトル表示を用いて$\vec{v}(t)$で表すことにします。

　さて，ここでA君の話に戻りましょう。

🧑 速度が時間の関数であるとすると，速度の変化率も考えられるね。

👩 速度の変化率か……。それを求めるには，今までと同じように，速度の平均の変化を求め，それの時間間隔を限りなく小さくとればよいのだから，これでいいかしら？

　Fさんの紙面には次の式が書かれていました。

$$\text{速度の平均の変化} = \frac{\vec{v}(t+\Delta t) - \vec{v}(t)}{(t+\Delta t) - t} = \frac{\Delta \vec{v}(t)}{\Delta t} \tag{3.12}$$

$$\text{速度の変化率} = \lim_{\Delta t \to 0} \frac{\Delta \vec{v}(t)}{\Delta t} = \frac{d\vec{v}(t)}{dt} \tag{3.13}$$

図3-13　10秒間での速度変化の平均

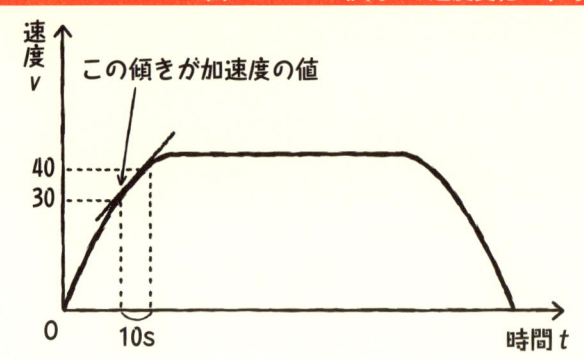

図3-14 ある瞬間の速さの変化率

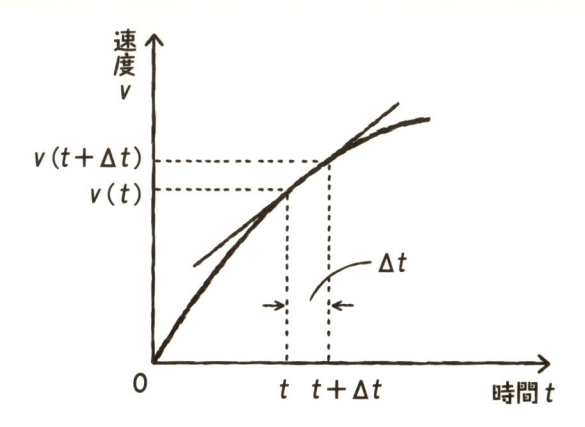

Fさんが書いた内容に説明をつけ加えます。速度の変化率を**加速度**とよび，$\vec{a}(t)$ で表します（a は加速を表す英単語 acceleration の頭文字です）。加速度もベクトル量です（**加速度ベクトル**）。速度は位置ベクトル $\vec{r}(t)$ の微分でしたが，加速度 $\vec{a}(t)$ はそれをさらに微分したものですから

$$\vec{a}(t) = \lim_{\Delta t \to 0} \frac{\Delta \vec{v}(t)}{\Delta t} = \frac{d\vec{v}(t)}{dt} = \frac{d^2\vec{r}(t)}{dt^2} \tag{3.14}$$

となります。式（3.14）の右辺最後の式は，位置ベクトル $\vec{r}(t)$ を，時間 t で2回微分したことを表します。$\vec{r}(t)$ を t で2回微分したものを，$\vec{r}(t)$ の t に関する**2階微分**とよびます。

Fさんが書いた式を見ながら，A君がFさんに次のように話しかけました。

> 加速度という言葉は聞いたことがあるけれど，それは位置ベクトルの2階微分だったんだね。

> 途中で速度が変化したのは，加速度がゼロでなかったから……，$\vec{r}(t)$ の2階微分がゼロでなかったからなのね。だから，速度が変化する運動を，加速運動とよぶのね。

> 加速度の意味は理解できたけど，加速度が変化する運動では，加速

第3章 運動状態の表し方を理解しよう

3-2 加速度ベクトル

度の変化率も考えられるね。

🙂なんだか，どこまでも続きそう……。

　A君とFさんが思い浮かべたように，位置ベクトル$\vec{r}(t)$の微分と2階微分だけでなく，3階微分，4階微分，…は確かに考えられます。しかし，力学では加速度が重要な役割を果たすことになります。次に，この点を調べてみます。

3-3 ニュートンの運動方程式

　ここまでの説明で，運動を記述する舞台としての3次元直交座標系と，その舞台上で物体の運動状態を表す力学量として，位置ベクトル$\vec{r}(t)$と速度ベクトル$\vec{v}(t)$，および加速度ベクトル$\vec{a}(t)$がそろいました。

　物体の運動を調べるにあたって，これらのベクトルの中で加速度ベクトルが最も重要な役割を果たすことになります。その理由は，第1章でふれたニュートン力学の第2法則があるからです。この法則は，「物体の加速度とその物体に作用する力は比例する」ことを述べたものでした。第1章では言葉だけでこの法則を説明しましたが，運動の状態を表す道具立てが終わりましたので，ここではこれらのベクトルを用いてこの法則を表し直すことにします。

● ニュートン力学の第2法則の重要性

　ニュートンの第2法則には，加速度のほかに力も出てきますので，力について先に説明することにします。力の具体例として，エンジントラブルで道路上に停まったまま動かない自動車を，外部から2～3人で力を合わせて押す場合を想像してみます。この場合，後ろから前向きに押すこともあれば，逆に前から後ろ向きに押すこともあり得ます。また，1人だけで押しても自動車は動きませんが，3人で協力して押すと動き出すことがあります。この例が示すように，物体（例では自動車）に作用する力には，どちら向きに，どれくらいの大きさで，という2つの要素があることがわかります。このことから，力学で現れる力は，向きと大きさをもつベクトル量で表されることになります。力を表すベクトルを$\vec{f}$で表します（fは力を表す英単語forceの頭文字です）。

　さて，ニュートン力学の第2法則ですが，これはベクトル$\vec{a}(t)$と$\vec{f}(t)$を用いて

$$\vec{f}(t) = m\vec{a}(t) \tag{3.15}$$

と表すことができます。比例係数 m は個々の物体に固有な量（スカラー量）で，これをその物体の質量とよびます（質量が，その物体に含まれる物質のおおよその量を表すことは，すでに第1章で述べました）。

加速度ベクトルの説明をしたときに，それは位置ベクトル $\vec{r}(t)$ の時間に関する2階微分であることを示しました。このことから，式(3.15)は次のように

$$m\frac{d^2\vec{r}(t)}{dt^2} = \vec{f}(t) \tag{3.16}$$

と書き直すこともできます。この式は，物体に作用する力 $\vec{f}(t)$ がわかっているとき，式(3.16)を満たす $\vec{r}(t)$ を求めることで，任意の時刻 t における物体の位置ベクトル $\vec{r}(t)$ が得られることを意味しています。その意味で，式(3.16)を**ニュートンの運動方程式**とよびます。また，式(3.16)を満たす $\vec{r}(t)$ を求めることを，「ニュートンの運動方程式を解く」といいます。

ニュートンの運動方程式が出てきましたので，これで力学の基本的な枠組みができたことになります。力学の課題は，

(1) 物体にどのような力 $\vec{f}(t)$ が作用しているか
(2) $\vec{f}(t)$ の影響を受けて物体の位置はどのように変化するか
　　（ニュートンの運動方程式を解くこと）

を調べることになります。

ニュートンの運動方程式についての講義が終わったところで，それまでいなかったH君も加わって，先生とA君，H君，Fさんの問答が始まりました。

先生，位置ベクトルと，その微分である速度ベクトル，速度ベクトルの微分である加速度ベクトルは，物体の運動の状態を表す力学量でしたね。

そうです。これらのベクトル量は物体の運動状態を記述する力学量です。

加速度ベクトルは，位置ベクトルの2階微分でしたが，さらに加速度ベクトルの微分なども考えられるのですか。

そうですよ。

ということは，加速度ベクトルの2階微分など，次々と考えられますね。

位置ベクトルには，1階微分（速度），2階微分（加速度）だけでなく，さらに3階微分，4階微分などの高階微分もあります。それらの様々な階数の微分の中で，外部から物体に作用する力と，加速度（2階微分）が比例することを示したのが，ニュートンの第2法則でした。力に比例するのが，速度ベクトルでもなく，また加速度ベクトルの微分でもなく，加速度ベクトルであることを明らかにしたことに，第2法則の重要性があります。

不思議ですね。何となく，大きな力が作用すれば，それだけ速さが大きくなりそうな気がしていたので，速度が力に比例するように思っていたのですが……，違うのですね。それが第1章で先生が注意されていたことなのですね。

そして，その比例係数が質量であって，材質などとは関係ないことも不思議だな……。

でも，なぜ第2法則がそんなに重要なのですか。

力学の目的は，物体の運動を調べることでしたね。ニュートンの運動方程式は，これらの課題の答えが納められた箱を開ける鍵となるものです。鍵を用いて箱を開けることで，物体の運動に関するいろいろな情報を得ることができることになります。第2法則は，力学の'骨組み'の中で，根幹をなすものと言えるでしょう。運動方程式を用いた箱の開け方については，次章で調べることにします。

3-4 力学で現れる物理量の次元と単位

　鍵の使い方を説明する前に，少しだけ寄り道になりますが，力学に現れる物理量（これを**力学量**とよびます）の**次元**と**単位**について調べておきます。

　力学には，位置ベクトル$\vec{r}(t)$，速度ベクトル$\vec{v}(t)$，加速度ベクトル$\vec{a}(t)$，質量mなど，様々な物理量が出てきますが，これらの物理量には，それぞれ固有の次元と単位があります。物理量の次元とは，その量の物理的な意味を示すものであり，それぞれの物理量に固有なものです。また，単位は，各次元をもつ物理量の大きさを表すための基準となるものです。

● 力学量の次元について

　力学に現れる物理量の次元は，長さ [L]，時間 [T]，質量 [M]，およびそれらの組み合わせで表されます。位置ベクトル$\vec{r}(t)$は，原点から質点までの方向と距離を表す力学量ですから，それは [L]（長さ）の次元をもちます。また，時刻tと，2つの出来事が起きる間に経過した時間間隔を表すΔtは，[T]（時間）の次元をもち，質点の質量を表すmは [M]（質量）の次元をもちます。

　速度$\vec{v}(t)$は，移動した位置$\Delta \vec{r}(t)$を，移動に要した時間間隔Δtで割った物理量ですから，[L／T]（長さ／時間）の次元をもちます。同様にして，加速度は，速度（次元 [L／T]）の変化を，変化に要した時間で割った量ですから，[L／T^2] の次元をもちます。また，ニュートンの第2法則は，力が加速度と質量の積に比例することを意味していますので，力$\vec{f}$の次元は，加速度の次元と質量の次元の積 [ML／T^2] になります。その他の力学量についても，その定義式から一義的にその量のもつ次元が決まります。

このように様々な次元をもった力学量が出てきますが，長さの次元[L]をもつ$\vec{r}$と，[L／T]の次元をもつ速度$\vec{v}$を足したり引いたり，また等号で結ぶことはできません。それは，$\vec{r}$と$\vec{v}$では，それらの物理的な意味が異なるからです。この例からわかるように，次元の異なる物理量は，それぞれ異なる物理的な意味をもっていますので，それらを足したり引いたり，または等号で結ぶことはできません。

　物理量の次元がもつこの点に注目すると，いろいろな場面で現れる式の左辺と右辺，または式の中の各項の次元を調べることで，それが物理的に正しい意味をもつか否かに関して，一つのチェックができます。また，速度ベクトルの次元が，[L／T]であることから，それが移動した距離と移動に要した時間の比で作られた物理量であることがわかるように，求めたい物理量の次元がわかっているときには，それが他の物理量のどんな組み合わせでできているかを予想する上で，重要なヒントを与えてくれることがあります。このような考え方を**次元解析**とよび，力学で重要な役割を果たすことがあります。

● 単位について

　次に単位について考えます。長さの表し方に，キロメートル(km)，メートル(m)，センチメートル(cm)など，いろいろな表示の仕方があることはよく知られています。表示の仕方の違いは，基準にとった距離(長さ)の選び方の違いによるものです。同様にして，時間と質量の表し方にも，基準の選び方によって，いろいろな表示の仕方があります。ある決まった次元をもつ物理量の大きさを表すときの基準を単位といいます。基準には，いくつかのとり方がありますから，物理量の大きさを表すには，大きさを表す数値(選んだ基準の何倍かを表す数字)だけでなく，基準にとった単位を表示しておくことが必要です。数値と単位が表示されて，初めて物理量の大きさが決まることになります。

　1メートルを100センチメートル(1m=100cm)と換算できることからもわかるように，同じ次元をもつ物理量のいろいろな単位間の関係は決まっていますから，ある単位で表された物理量の大きさを，他の単位に

変換して表示することはいつでも可能です。そのため，様々な単位を使うこともできますが，使用する単位を統一しておくことは，単位の換算が必要なくなるという意味で非常に便利です。力学では通常，長さの基準としてメートル(m)，時間の基準として秒(s)，質量の基準としてキログラム(kg)の単位が選ばれます。

● 単位の簡略化について

上で示したように，力は $[\mathrm{ML}/\mathrm{T}^2]$ の次元をもちますから，長さの単位をm(メートル)，時間の単位をs(秒)，質量の単位をkg(キログラム)にとったとき，力の単位はkg·m/s^{2}となります。力学では多くの場合，この単位を改めてN ($=$kg·m/s^2)と表記し，力の単位としてN(ニュートン)を使うことがあります。この例のように，L，T，Mの組み合わされた次元をもつ量の単位は，m，s，kgの積および商で表される単位をもちますが，これを簡略化するために新しい単位が導入されている場合があります。これを「簡略化された単位」とよぶことにします。あとで出てくるエネルギーの単位J(ジュール)も，簡略化された単位の例です。

簡略化された単位は表記上大変便利ですが，m，s，kg，およびその積と商で表された単位に比べて，その物理量のもつ次元(物理的な意味)がわかりにくくなるという不便があります。そのため，計算および考察の途中においては，各物理量および各項の次元がはっきりわかるようにm，s，kgで表す単位を用い，最後に記号の便宜上，簡略化された単位で結果を表示することが望ましいでしょう。本書ではこの記述の方法を用いることにしますので，読者もその記法に慣れるようにしてください。

コラム　力学こぼれ話　「地球の円周は何メートル？」

　長さは力学の基本的な次元の一つです。長さの単位としては，現在では多くの国で「メートル」が使用されています。長さの単位「メートル」はどのように決められ，いつごろから使われ始めたのでしょうか。

　僕たちは子どもの頃から，長さや距離を「メートル」単位で測っていますが，日本ではいつごろから長さの単位として「メートル」が使われるようになったのですか。

　日本では以前は，長さの単位として「尺（しゃく）」を利用していました。君たちは，尺という単位は知らないかもしれませんね。尺は中国から伝来したものといわれていますが，地域によって同じ尺でも少しずつ大きさが違っていたようです。

　同じ尺なのに，大きさが違っては混乱が起きそうですね……。

　そうです。単位の基準がバラバラでは，いろいろ不便な問題が起きます。これは日本だけでの問題ではなく，他の国でも同じような困難を抱えていました。それを解決するためには，多くの人々が受け入れやすい統一された基準をつくる必要があります。そこで考えられたのが，国や人種の違いに関係なく，人類にとって普遍的な意味をもつ地球の大きさを，長さの基準とする案です。

　どこかの国の都市と都市の間の距離を基準にとるのとは違って，すべての人類にとって生活の土台である地球の大きさを基準にとるのは，確かに普遍的で素晴らしい思いつきですね。そんな発想が提案されたなんて……。感動しました。

　このアイディアはフランスで提案されたものですが，具体的には北極と南極を通る地球の円周を測定し，その4千万分の1の距離

を1メートルとするという案です。A君が感動したように素晴らしいアイディアでしたが，残念ながらすぐには他の国の支持を得ることができませんでした。そこでフランス革命という激動の時代にもかかわらず，フランスは単独で地球の大きさを測定するという難事業に取り組んだのです。このようにして決められたのが，長さの単位としてのメートルです。

一方では革命が進行していて，その一方では地球の大きさを測定する事業が進められていた……。これも大変驚きです。科学の意義に関する認識のあり方に考えさせられるものがあります。

まったく同感です。そんな大事業の末に導入されたものなので，当初は賛同が少なかったとしても，フランス以外の国へのメートル単位の普及は，その後順調に進んだのでしょうね。

残念ながら，そうはいかなくて，メートル単位の普及は紆余曲折を経ることになります。地球という普遍的な物体の大きさを基準にとったにもかかわらず，現在でもすべての国がメートル単位を使っているわけではありません。日本においても，明治19年（1886年）にメートル法が導入されましたが，その後，尺とメートルが共存するときを経て，完全にメートル単位に移行したのは1921年になってからです。君たちが生まれる前のことですが……。

僕たちが生まれたときには，日本では完全にメートル単位になっていたのですね。だから，子どもの頃からメートルを使っていたことがわかりました。

先ほども言いましたように，日常の生活の中では，メートルを採用していない国も残っていますが，科学の分野では長さの単位はメートルに統一されています。長さの単位と時間の単位が統一されたことは，科学の発展に大きく寄与しました。これはとても重要なことです。

🧑‍🦰 ところで，メートルの大きさの決め方を考えると，地球の円周は1メートルの4千万倍，すなわち4千万メートルと考えてよいのですか。

👨 実はそうではありません。地球の円周がちょうど4千万メートルにならないことの理由の一つは，地球が完全な球ではないことです。もう一つの理由としては，基準の精度を高めるために，現在では地球の大きさではなく，光がある決まった時間に進む距離を長さの基準にとり直したことがあります。新しい基準で測定し直した極を通る地球の円周は，4千万メートルから少しだけ違っています。地球の円周が4千万メートルちょうどではないこと，これは長さの基準が地球の大きさではなくなったことを意味しています。

🧑 僕たちが普段何気なく使っているメートル単位にも，そんな意味があるのですね。光速を基準にした理由も知りたいところですが，それは自分たちで調べてみることにします。

第4章
少しあとの物体の運動状態は？

　自宅のガレージに止めたままの自動車は（夜中に誰かがエンジンをかけて動かさなければ），翌朝になってもガレージにそのままの状態で止まっています。静止していた自動車を動かしたり，動いている自動車を減速したりするには，アクセルやブレーキを踏む必要があります。アクセルかブレーキを踏んで力を作用させたとき，自動車の動きはどのように変化するのでしょうか。アクセルやブレーキの踏み方（強く踏むか否か，しばらく踏み続けるか否かなど）によって，自動車の運動状態の変わり方は異なるだけでなく，実際の場合には道路からの摩擦もありますので，その摩擦力も考慮に入れなければなりません。

　一般に物体にはいろいろな力が作用しています。物体に作用する力の影響は，力の種類によって異なるだけでなく，それらの力の働き方（力が働かない場合も含む）によっても違ってきます。そのため，運動方程式の解き方は，それぞれの力学系に相応しい解き方が求められることになります。

4-1　x 方向にだけ動くとき

　ここでは，短い時間に物体の運動に及ぼす力の影響を調べることで，作用する力の種類やその作用の仕方に左右されない，運動方程式の一般的な解き方を考えてみます。少しあとの物体の運動状態を求めることができれば，その手続きを順次繰り返すことで，求めたい時刻における物体の運動状態を知ることができることになります。

　早速，A君とH君に登場してもらいましょう。A君とH君は，黒板に式を書き込みながら，運動方程式の解き方について議論を始めました。

$$x(t_0+\Delta t) = x(t_0) + v(t_0)\Delta t$$
$$x(t_0+2\Delta t) = x(t_0) + v(t_0)(2\Delta t)$$
$$\cdots\cdots$$
$$x(t_0+n\Delta t) = x(t_0) + v(t_0)(n\Delta t)$$

🧑 議論を簡単にするために，一方向への運動を考えることにするよ。

🧑 賛成だね。それにまず，短い時間の経過を考えることにしよう。

🧑 それがいいね。1分後のことがわかれば，同じようにして，その1分後のこともわかるから……。さてと，現在の時刻をt_0として（例えば，10時ちょうどとして），その少しあと$t_0+\Delta t$（例えば10時1分）を考えると……。

黒板に式を書きながら，A君とH君の議論は続いています。黒板に書かれる式を見ながら，2人の議論に耳を傾けることにしましょう。

🧑 時刻t_0のときの物体の位置を$x(t_0)$，時刻$t_0+\Delta t$のときの位置を$x(t_0+\Delta t)$とすると，この間の平均の速さ$\bar{v}(t_0)$は

$$\bar{v}(t_0) = \frac{x(t_0+\Delta t) - x(t_0)}{\Delta t} \tag{4.1}$$

なので，これを変形すると

$$x(t_0+\Delta t) = x(t_0) + \bar{v}(t_0)\Delta t \tag{4.2}$$

となるね。これで時刻$t_0+\Delta t$における物体の位置$x(t_0+\Delta t)$がわかることになる。

🧑 確かに式の変形はそれで間違いないのだけど，何か変な気がするよ。

🧑 そうかな……。

🧑 平均の速さ$\bar{v}(t_0)$は，$x(t_0+\Delta t)$と$x(t_0)$がわかっているときに計算できるものだから，$\bar{v}(t_0)$を用いて$x(t_0+\Delta t)$を求める式(4.2)は，力学の式としては使えないような気がするんだ。時刻t_0の時点では，平均の速さ$\bar{v}(t_0)$は知られていないのだから，式(4.2)を用いても$x(t_0+\Delta t)$を計算できない……。

🧑 確かにそうだね。ではどうすればよいのだろう。

2人は無言で考え込んでしまいました。

第4章 少しあとの物体の運動状態は？

4-1 x方向にだけ動くとき

力が作用しないとき

しばらく熟考していたA君が口を開きました。

簡単な場合から考えてみることにしよう。最もわかりやすいのは，物体に力が作用していないときだね。

そうだね，ニュートンの第1法則から，力が働いていないときは，物体は同じ速度で動き続けるのだから，平均の速さ $\bar{v}(t_0)$ と時刻 t_0 の速さ $v(t_0)$ は等しい。

ということは，この場合には，式(4.2)の右辺の $\bar{v}(t_0)$ を，$v(t_0)$ に置き換えることができるので，今度は意味のある式になるね。

力が働いていない場合には，物体の速さは変化しないのだから，時刻 $t_0+\Delta t$ と時刻 t_0 の速さが等しいことを用いると

物体の位置　　$x(t_0+\Delta t) = x(t_0) + v(t_0)\Delta t$ 　　　　(4.3)

物体の速さ　　$v(t_0+\Delta t) = v(t_0)$ 　　　　(4.4)

となるね。これで間違いないかな。

問題ないね。時刻 t_0（現在）における物体の位置 $x(t_0)$ と速さ $v(t_0)$ がわかっていれば，そのしばらくあとの時刻 $t_0+\Delta t$ における物体の位置 $x(t_0+\Delta t)$ と速さ $v(t_0+\Delta t)$ は，これらの式を使って求められることになるね。

では，もっとあとの時刻についてはどうだろう。

時刻 $t_0+\Delta t$ の位置と速さはわかったのだから，今度は時刻 $t_0+\Delta t$ を現在と考え，それより少しあとの時刻 $t_0+2\Delta t$ の物体の位置 $x(t_0+2\Delta t)$ と速さ $v(t_0+2\Delta t)$ を求めてみよう。そのために，式(4.3)と式(4.4)の t_0 を改めて $t_0+\Delta t$ と置き直すと

物体の位置　　$x(t_0+2\Delta t) = x(t_0+\Delta t) + v(t_0+\Delta t)\Delta t$ 　　　　(4.5)

物体の速さ　　$v(t_0+2\Delta t) = v(t_0+\Delta t)$ 　　　　(4.6)

となる。これは大丈夫だよね。

OKだね。これらの式で，右辺の$x(t_0+\Delta t)$と$v(t_0+\Delta t)$は，式(4.3)と式(4.4)を使って求められるから，これを代入してまとめ直すと

物体の位置　$x(t_0+2\Delta t)=x(t_0)+v(t_0)(2\Delta t)$ (4.7)

物体の速さ　$v(t_0+2\Delta t)=v(t_0)$ (4.8)

となる。

同じ手続きを繰り返すことができるので，n回目は

物体の位置　$x(t_0+n\Delta t)=x(t_0)+v(t_0)(n\Delta t)$ (4.9)

物体の速さ　$v(t_0+n\Delta t)=v(t_0)$ (4.10)

と表されることになるね。$n\Delta t$はnとΔtを変えることで，必要に応じてそれを大きくとることも，逆に小さくとることも可能なので，$t_0+n\Delta t$はt_0後の任意の時刻と考えることができるね。だから，$t_0+n\Delta t$を任意の時刻t ($t=t_0+n\Delta t$)と置き直すと，任意の時刻tにおける物体の位置$x(t)$と速さ$v(t)$は，式(4.9)と式(4.10)に$n\Delta t=t-t_0$を代入して

物体の位置　$x(t)=x(t_0)+v(t_0)(t-t_0)$ (4.11)

物体の速さ　$v(t)=v(t_0)$ (4.12)

で与えられる。

物体に力が作用していないときはこれでよさそうだ。時刻t_0における$x(t_0)$と$v(t_0)$がわかっていれば，これらの式を用いて，任意の時刻tにおける$x(t)$と$v(t)$が求められることがわかったね。

A君とH君の2人は，式(4.2)を見て頭を抱えることになった難問解決の第一歩を踏み出したようです。ここで，A君とH君が取り上げた運動，すなわち力が作用していないときの物体の運動を，速度が変化しないことから**等速直線運動**とよびます。式(4.11)と式(4.12)は，等速直線運動の場合に，任意の時刻tにおける物体の位置$x(t)$と速さ$v(t)$を求めるための式です。

力が作用するとき―作用する力が一定の場合―

物体に力が作用していないときについては理解できたので，2人は次に物体に力が作用する場合の運動を議論し始めました。

次は，物体に力が作用している場合だね。

力が作用すると加速度が生じるので，加速度と平均の速さの関係がわかれば，式(4.2)についての疑問が解決できるかも……。

よいことを思いついたね。加速度か……。時刻 t_0 と $t_0+\Delta t$ 間の平均の加速度 $\bar{a}(t_0)$ は，この間の速さの増加分を，かかった時間で割ったものだから

$$\bar{a}(t_0) = \frac{v(t_0+\Delta t) - v(t_0)}{\Delta t} \tag{4.13}$$

と表せる。これを書き直すと

$$v(t_0+\Delta t) = v(t_0) + \bar{a}(t_0)\Delta t \tag{4.14}$$

となるので，時刻 $t_0+\Delta t$ のときの速さ $v(t_0+\Delta t)$ については，$v(t_0)$ と平均の加速度 $\bar{a}(t_0)$ を使って表せることがわかった。しかし，平均の速さ $\bar{v}(t_0)$ と加速度の関係は……。

式(4.13)は

$$\bar{a}(t_0) = \frac{\{v(t_0+\Delta t) + v(t_0)\} - 2v(t_0)}{\Delta t} \tag{4.15}$$

と書き直すこともできるね。

なるほど。式(4.15)の右辺の分子に現れる $\{v(t_0+\Delta t) + v(t_0)\}$ は，時刻 t_0 と $t_0+\Delta t$ 間の平均の速さの2倍だから，これを $2\bar{v}(t_0)$ とおくと，式(4.15)は

$$\bar{a}(t_0) = 2\frac{\bar{v}(t_0) - v(t_0)}{\Delta t} \tag{4.16}$$

と書き直すことができるね。この式を変形すると

$$\overline{v}(t_0) = v(t_0) + \frac{1}{2}\overline{a}(t_0)\Delta t \tag{4.17}$$

となるので，これを式(4.2)の $\overline{v}(t_0)$ に代入すると……。

🤓 式(4.2)は

$$x(t_0+\Delta t) = x(t_0) + v(t_0)\Delta t + \frac{1}{2}\overline{a}(t_0)(\Delta t)^2 \tag{4.18}$$

となり，$x(t_0+\Delta t)$ を加速度を用いて表すことができた。これで，式(4.14)と式(4.18)で力が作用しているときの物体の位置 $x(t_0+\Delta t)$ と $v(t_0+\Delta t)$ が求められる，どうだ！……とはいかないね。

🧑 残念ながらそうはいかない。2つの式には平均の加速度 $\overline{a}(t_0)$ が現れていることが問題だね。前のときと同じように，時刻 t_0 の時点では $\overline{a}(t_0)$ はわからないのだから，式(4.14)と式(4.18)は力学の式としては意味をなさない……。

🤓 そうだね，残念だけど。しかし，加速度が一定の場合には，$\overline{a}(t_0)$ と $a(t_0)$ は等しいので，2つの式の $\overline{a}(t_0)$ を $a(t_0)$ で置き直すことができて

物体の位置　$x(t_0+\Delta t) = x(t_0) + v(t_0)\Delta t + \frac{1}{2}a(t_0)(\Delta t)^2$　(4.19)

物体の速さ　$v(t_0+\Delta t) = v(t_0) + a(t_0)\Delta t$　(4.20)

とまとめることができるね。加速度が一定の運動については，これらの2式は力学の式として意味をもつと思うよ。

🧑 うん，そうだね。ではこれを使うと，時刻 $t_0+2\Delta t$ のときの位置と速さはどうなるかな。式(4.19)と式(4.20)で t_0 を $t_0+\Delta t$ と置き直すと，$x(t_0+2\Delta t)$ と $v(t_0+2\Delta t)$ は

物体の位置　$x(t_0+2\Delta t) = x(t_0+\Delta t) + v(t_0+\Delta t)\Delta t$

$+ \frac{1}{2}a(t_0+\Delta t)(\Delta t)^2$　(4.21)

物体の速さ　$v(t_0+2\Delta t) = v(t_0+\Delta t) + a(t_0+\Delta t)\Delta t$　(4.22)

となるので，これらの式の右辺に式(4.19)と式(4.20)を代入し，さらに加速度は一定なので$a(t_0+\Delta t)=a(t_0)$とおくと，式(4.21)と式(4.22)は

物体の位置　$x(t_0+2\Delta t)=x(t_0)+v(t_0)(2\Delta t)$
$$+\frac{1}{2}a(t_0)(2\Delta t)^2 \quad (4.23)$$

物体の速さ　$v(t_0+2\Delta t)=v(t_0)+a(t_0)(2\Delta t)$ （4.24）

となる。

👓 ということは，等速直線運動の場合と同じように，加速度が一定（等加速度運動）の場合も，任意の時刻$t(\geq t_0)$における物体の位置と速さは

物体の位置　$x(t)=x(t_0)+v(t_0)(t-t_0)+\frac{1}{2}a(t_0)(t-t_0)^2$ （4.25）

物体の速さ　$v(t)=v(t_0)+a(t_0)(t-t_0)$ （4.26）

と表されることがわかったね。

👨 ニュートンの運動方程式を使うと，加速度$a(t_0)$は，加えられた力$f(t_0)$と質量mの比$\frac{f(t_0)}{m}$に等しいので，加速度が一定ということは加えられた力が一定の場合だね。この場合の力をfとすると（時間には依存しない定数），式(4.25)と式(4.26)は

物体の位置　$x(t)=x(t_0)+v(t_0)(t-t_0)+\frac{1}{2}\frac{f}{m}(t-t_0)^2$ （4.27）

物体の速さ　$v(t)=v(t_0)+\frac{f}{m}(t-t_0)$ （4.28）

と書き直すことができる。これが力が一定の場合の任意の時刻$t(\geq t_0)$における物体の位置と速さなんだ。やったね！

👓 力が一定の場合は，これで運動方程式の解を求めることができたのだけど，力が変化する場合はどうしたらよいのかな。

👨 ……。

2人は再び顔を見合わせて黙り込んでしまいました。

力の大きさが途中で変わるとき

A君とH君が考え込んでいるところに，タイミングよく先生が戻ってきました。2人はそれまでの議論を伝えたあと，いま自分たちが悩んでいる難問を先生に話しました。2人の話を静かに聞いていた先生は，彼らが話し終わるのを待って，質問に答え始めています。

🧑‍🏫 2人でここまでよく議論を進めたね。ところで君たちの悩みは，加速度が変化するとき（力が変化するとき），式(4.14)と式(4.18)が力学の式として意味をもつようにするには，平均の加速度$\overline{a}(t_0)$をどのように表し直せばよいか，ということだね。

👦👦 そうです……。

👦 ここまでの議論を繰り返せばよいのかな，とも思っているんですが……。

🧑‍🏫 考え方としてはそれで正しいのだけど，その繰り返しを続けるのは大変だと思うよ。ここでは，この問題に有用な数学の知見を拝借するのがよさそうだね。数学で明らかになっていることに，テイラー展開とよばれる重要な式があります。これはtの関数$x(t)$について，$t=t_0+\Delta t$のときの値$x(t_0+\Delta t)$が，次の式

$$x(t_0+\Delta t) = x(t_0) + \frac{dx(t_0)}{dt}\Delta t + \frac{1}{2!}\frac{d^2x(t_0)}{dt^2}(\Delta t)^2$$
$$+ \cdots + \frac{1}{n!}\frac{d^nx(t_0)}{dt^n}(\Delta t)^n + \cdots \quad (4.29)$$

で表されることを示したものです。ここで，$n!=n(n-1)(n-2)\cdots 2\cdot 1$です。また$\frac{dx(t_0)}{dt}$は，$x(t)$を$t$で微分したあとで，$t$を$t_0$と置

いたことを意味しています。他の高階微分についても同様です。この式を使うことにします。

🧑‍🦱🧑‍🦰 (あっけにとられた顔で)……。

👨‍🏫 式(4.29)の関数$x(t)$を，物体の位置を表す座標$x(t)$とみなせば，その1階微分は速さ$v(t)$，2階微分は加速度$a(t)$，3階微分は加速度の微分$\dfrac{da(t)}{dt}$となります。それ以降の項も同様に考えられますね。ここで，ニュートンの運動方程式を使うと，加速度$a(t)$は$\dfrac{f(t)}{m}$に，加速度$a(t)$の微分は$\dfrac{df(t)}{dt}\Big/m$に置き換えられます。

🧑‍🦱🧑‍🦰 ……。

👨‍🏫 同様にして，それ以降の項も$f(t)$の高階微分で置き換えることができるので……。

と言って，先生は黒板に次のような長い式を書きました。

$$x(t_0+\Delta t)=x(t_0)+v(t_0)\Delta t+\frac{f(t_0)}{2!m}(\Delta t)^2+\frac{1}{3!m}\frac{df(t_0)}{dt}(\Delta t)^3$$
$$+\cdots+\frac{1}{n!m}\frac{d^{n-2}f(t_0)}{dt^{n-2}}(\Delta t)^n+\cdots \quad (4.30)$$

2人は，黒板に書かれた長い式をあっけにとられて眺めていましたが，しばらくしてようやく我に返ったようです。

🧑‍🦱 先生，すごい式ですね。'…'はどこまでも続くことを意味しているのですね。

👨‍🏫 そうです。それにしてもかなり驚いたようだね。君たちは，運動方程式はすでに知っていますが，テイラー展開についての知識はないのかな。もし知らない場合は，数学の教科書で調べておいてください。

🧑 わかりました。テイラー展開の公式はあとで調べておきます。

👨 $v(t_0+\Delta t)$ についても，式(4.30)と同じような表式を書くことができますが，やはり長い式なので省略することにします。

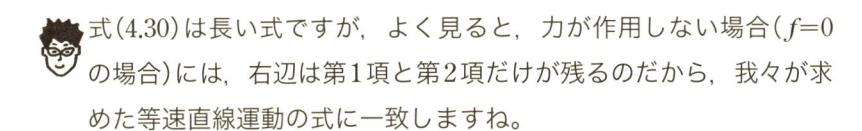

🧑 式(4.30)は長い式ですが，よく見ると，力が作用しない場合（$f=0$ の場合）には，右辺は第1項と第2項だけが残るのだから，我々が求めた等速直線運動の式に一致しますね。

🧑 さらに，力が一定の場合には，力の微分を含む第4項以降の項はすべて消えるので（力が一定の場合，その微分とその高階微分はすべてゼロとなるので），等加速度運動の式が得られる……。

👨 その通りです。第4項以降が新しく現れた項で，これが力が変化する場合の効果を表すもので，君たちが探していた部分です。

🧑 必要な項はどこまでも続くのか……。だから先生が繰り返すことは大変だよ，と言われたのですね。

👨 ……(笑)。

🧑 でも，わからないな……。

👨 何が疑問なのかな。

　A君が深刻な顔をして考え込んでいますので，節を改めてA君の疑問を聞くことにします。

4-2 厳密解と近似解

🧑 力が定数の場合は，式(4.30)の右辺の第4項以降は0になり，第3項までが残るので，時刻t_0のときの位置$x(t_0)$と速さ$v(t_0)$，それにそのときの力$f(t_0)$の3つの量の値がわかっていれば，時刻$t_0+\Delta t$における質点の位置$x(t_0+\Delta t)$が計算できるんですよね。

👨‍🦳 そうですね。

🧑 しかし，$f(t)$が変化するときは第4項以降も必要になる。もし，$\dfrac{df(t_0)}{dt}$から後の項がゼロならば，第4項までの値がわかれば，$x(t_0+\Delta t)$を計算できるのだけど，そうでない場合は，さらにたくさんの項のそのときの値が必要になる……。

🧑 先生，場合によっては無限個の値がわからなければ，$x(t_0+\Delta t)$が計算できないことになるかもしれませんね。でもそれは不可能ではないですか。無限個の量の値なんてわかるはずがないから……。

● 無限個の微分が意味すること

式(4.30)の右辺には，関数$f(t)$の無限個の微分が現れています。A君とH君は，この'無限個'に戸惑っているようです。そこで，先生は見方を変えて，無限個の微分が出てくることの意味を説明することにしました。

👨‍🦳 2人とも，面白いところに気がついたね。難しい問題だけど，こう考えたらどうかな。$x(t_0+\Delta t)$がわかるためには，時刻t_0から$t_0+\Delta t$までの間，どのような力が物体に作用していたかを知っていなければならない。なぜならば，途中にどんな力が働いたかわからないと

なれば，途中で物体の加速度がどのような変化を受けたかを知ることができないのだから。ここまではわかりますね。

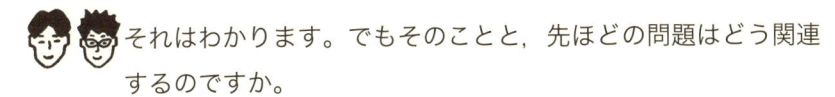

🧑‍🤝‍🧑 それはわかります。でもそのことと，先ほどの問題はどう関連するのですか。

👨‍🦳 わかりやすくするために，例えば t_0 を10時ちょうどとし，Δt を10分としてみます。このとき，$t_0 + \Delta t$ は10時10分となりますね。10時ちょうどと10時10分の間を10等分すると，1分間隔で10個の区切りができます。この区切りをさらに10等分すると，6秒間隔で100個の区切りができますね。この手続きをどこまでも繰り返すと，10時ちょうどと10時10分の間が，非常にたくさんの区間に分割できることになります。

🧑 確かにそうなりますね。

👨‍🦳 10時から10時10分までの間のすべての時刻において，物体に作用した力がわかっているということは，この間を細かく分割した各時点での力の値がわかっていることを意味しています。分割を限りなく小さくすれば，時間間隔 Δt が無限個に分割できて，それらの無限個の時点での力の値がすべてわかっていることになります。

🧑 そうですね。でも……。

👨‍🦳 だから，$x(t_0+\Delta t)$ を表す式(4.30)の右辺で，時刻 t_0 における力 $f(t_0)$ とその微分 $\dfrac{df(t_0)}{dt}$，および力のすべての高階微分が現れて，それらの無限個の微分についての情報が必要になること，それ自体は不思議ではないのです。$x(t_0+\Delta t)$ を求めるために，力に関する無限個の情報が必要となるという意味では，時刻 t_0 と $t_0+\Delta t$ 間を無限個に分割した場合と状況は同じだから……。実は，無限個に分割した各時点での力の値がわかっていることと，時刻 t_0 における $f(t_0)$ とそのすべての高階微分の値がわかるということは，$f(t)$ のテイラー展開を考えれば同じであることがわかります。これは少しわかりにく

第4章 少しあとの物体の運動状態は？

4-2 厳密解と近似解

いかもしれないですね。

❶ 運動方程式が解ける場合と解けない場合

　先生の説明で，A君のH君の疑問は解消したのでしょうか。3人の問答は，さらに続きます。

　式(4.30)の右辺にどこまでも続く項が出てきた理由は何となくわかったような気がします。でも，実際問題として，そんなにたくさんの項をどうすれば計算できるのですか。

　それが気になるところですね。'…'が途中で切れる場合は，第3項まで考慮すればよかった等加速度運動の場合と同じように，そこまで計算すれば済むので，力がそうであるときはわかりますが……。

　途中で切れる場合はその通りですね。そうでなくて，'…'がどこまでも続く場合には，実は2つのケースが考えられます。第1のケースは，$f(t)$の高階微分を途中まで計算してみると，その後の状況が推測できる場合です。この場合は，右辺全体が数学で知られている関数のテイラー展開に一致することになり，$x(t_0+\Delta t)$はその関数で表されます。その例の一つを，第6章で調べます。$x(t_0+\Delta t)$が，知られている関数で表されるとき，この物体の運動方程式は解ける（または**積分**できる）といい，その関数を運動方程式の**厳密解**とよびます。第1のケースでは，式(4.30)によらなくても，運動方程式を積分することで解を求めることもできます。運動方程式を解くこの方法は，力学の多くの教科書で詳しく説明されているので，そちらを参照するとよいでしょう。

　わかりました。それで第2のケースはどうなりますか。

　このケースは難しいですね。実際の物体には，いろいろな力が作用しますし，また1つの力だけでなく，2つ以上の力が働くこともあります。この場合には，これらの力を加えたもの，これを合力とよ

びますが、合力の影響を調べることになります。このような力学系は、多くの場合、運動方程式を積分できないことになります。第2のケースでは、そのため個々の状況に応じて、式(4.30)の右辺を必要な範囲まで計算することになります。このようにして得られたものを$x(t_0+\Delta t)$の近似解といいます。近似解は厳密な解ではないので、誤差をもつことになります。その誤差を小さくする工夫が、近似解を求めるときの重要な課題となります。このような力学の問題に関しても、多くの考察が試みられていますので、その問題を扱っている教科書を参考にしてください。

運動方程式に、解ける場合と、解けない場合があることは知りませんでした。

解けない場合でも、工夫すれば、物体の運動を予測する上で、有効な近似解が得られるのですね。難しそうだけど、面白そうだな……。

時刻t_0から少しあとの時刻$t_0+\Delta t$における物体の位置$x(t_0+\Delta t)$の求め方についての議論はようやく収束したようです。3人の長い議論から、$x(t_0+\Delta t)$を求める鍵は式(4.30)がもっていたことが明らかになりました。

4-3 3次元空間での運動の場合

　これまでは，物体が一方向にだけ運動する場合を考えてきました。実際の場合には，3次元空間の中で，様々な大きさといろいろな向きをもつ力の作用を受けて，物体は東西・南北・上下方向に運動します。

● 3次元空間を運動する物体の位置

　3次元空間での運動も，短い時間間隔Δtをとって，時刻$t_0+\Delta t$における物体の位置ベクトル$\vec{r}(t_0+\Delta t)$を求め，その手続きを繰り返すことによって，任意の時刻$t(>t_0)$における位置ベクトル$\vec{r}(t)$を求めることができます。このとき，$\vec{r}(t_0+\Delta t)$は

$$\vec{r}(t_0+\Delta t) = \vec{r}(t_0) + \vec{v}(t_0)\Delta t + \frac{1}{2!m}\vec{f}(t_0)(\Delta t)^2 + \frac{1}{3!m}\frac{d\vec{f}(t_0)}{dt}(\Delta t)^3$$

$$+ \cdots + \frac{1}{n!m}\frac{d^{n-2}\vec{f}(t_0)}{dt^{n-2}}(\Delta t)^n + \cdots \qquad (4.31)$$

となります。ここで$\vec{f}(t)$は，この物体に作用する力のベクトルです。

　いろいろな力$\vec{f}(t)$が作用しているとき，式(4.31)を用いて具体的に$\vec{r}(t_0+\Delta t)$を求めるには，1次元運動の場合と同様な手続きを踏むことが必要となります。

コラム 力学こぼれ話 「単振り子―時間と長さ―」

伸び縮みしない糸の一端を天井に固定し，糸のもう一方の端につけたおもりを平面内で振動させたとき，そのおもりが重力の影響を受けて運動する力学系を単振り子といいます。

🧑‍🦳 単振り子の振れ幅（振幅）が小さいとき，その周期 T は，$T=2\pi\sqrt{\dfrac{l}{g}}$ となります。l は糸の長さ，g は重力加速度です。

🧑 周期 T の式には振幅は出てきませんが……。

🧑 重力加速度 g の大きさは決まっていますので，周期 T は糸の長さ l にだけだけ依存して，振幅にはよらないということですね。

🧑‍🦳 振幅が小さい場合は，単振り子の周期は振幅に依存しません。このことを'振り子の等時性'といいます。ただし，振幅が大きくなると等時性は成り立たなくなって，周期が振幅にも依存することになります。

👩 先生，私の家の時計には振り子がついていますが，あの振り子は時計の機能として必要なものですか。

🧑‍🦳 実際にその時計を見てみないとわかりませんが，現在家庭用に市販されている時計の振り子は，以前に使われていた振り子時計の名残であって，実際には計時機能を果たしていないものが多いようです。

👩 名残の振り子ですか（笑）。でも，昔の振り子時計では，振り子は時間の経過を測る役割を果たしていたのですよね。

🧑‍🦳 そうです。昔の振り子時計では，振り子の周期を利用して，時の経過を測っていました。

と言いますと……？

振り子時計では，振り子が1回往復したとき，時計の針がその周期Tだけ進むように作られています。この構造を利用して，あるときから次のときまでに振り子が何回往復したかで，その間に経過した時間を針の進みから読み取ることができます。これが技術的なことは別にしたときの，振り子時計の原理です。

なるほど，昔の振り子時計はそのように作られていたのか。だから，振り子の役割は重大だったのですね。いまでも，振り子が名残として残っている理由がわかったような気がします。

先生のお話を聞いてわかったことは，糸の長さlを決めれば振り子の周期Tが決まりますので，そのことを利用して時間の経過を測定することができるということです。それが振り子時計でしたね。いまの話を聞きながら，逆のこともできるのかな，と思っているのですが……。

逆のこととは？

時間を測る時計をもっていて，振り子の糸の長さを測る物差しが，手元にない場合のことですね。

その場合は，糸の長さを測定できませんね。しかし，時計があるのだから，時間の経過は測定できる……。

この場合，振り子の周期を測ることで，逆に糸の長さを測定できることになります。だから，振り子が物差しの役割を果たすことになります。このときは，周期の式を書き直して，$l = \dfrac{gT^2}{4\pi^2}$を使います。

長さを測る物差しとして振り子を利用する……，なかなか楽しい

発想の転換ですね。実は200年以上前に同じアイディアが提案されたことがあります。

なんだ……。誉められたのでいい気になっていたのですが，独創的な新しい発想ではなかったのか（笑）。

なかなか素晴らしいアイディアであることは確かですから，がっかりしなくてもよいですよ（笑）。長さの単位としてメートルが導入された話はしましたね。

その話は聞きました。地球の円周の4千万分の1を，1メートルと決めたことですね。

メートルの大きさを決めるとき，別のアイディアも提案されました。その提案とは，半周期 $\frac{T}{2}$ が1秒の振り子の糸の長さを，1メートルと決める案です。これはまさに，振り子を利用して長さの基準を決める，すなわち振り子を長さの基準に取ることを意味しています。

歴史に'もしも'はないけれど，仮にその案が採用されていたとしたら，1メートルの長さは今とは大きく違っていたのだろうか。それを調べるには，$\frac{T}{2}=1\mathrm{s}$, $g=9.8\,\mathrm{m/s^2}$ とおいて，糸の長さを求めると，$l=0.99\,\mathrm{m}$ となります。ということは，その案が採用されていたとしても，1メートルの単位は今とほとんど違わなかったのですね。なんだか不思議ですね！

どちらを基準にとっても，ほとんど違いがなかったのに，地球の円周を基準にする案が採用されたのには，何か理由があるのですか。

短い期間でしたが，振り子を基準にしたこともあったようです。

しかし，地球の自転等の影響で重力加速度gが地域によって異なることを考慮して，振り子を利用する案は最終的には採用されなかったようです。今から考えれば，地球の円周も赤道のところで測定するか，極を通る大円に沿って測定するかで違いが生じるため，gが地域によって異なることは振り子案が劣る理由にはならないようにも思います。しかし，振り子案を採用するためには，精度の高い時計が必要ですが，それが登場するのは振り子時計の誕生まで待たなければならなかったことを思うと，地球の円周を基準に取る案が支持されたことは理解できないではありません。

メートルの誕生にそんな歴史があったことは知りませんでした。僕の案もまんざらではなかったようで，なんだか嬉しくなりました。

これは単振り子をめぐる時間と長さの話ですが，現在は真空中の光速が一定であることを用いて，ある決まった時間の間に光が進む距離を長さの基準にしています。これは，長さの測定基準の決定に時間測定を利用することになったことを意味しています。このことを思うと，上の話は時間と長さをめぐる歴史上の一つの逸話として感慨深いものがあります。

歴史はめぐる……。長さの単位，時間の単位というと，なんだか機械的に決められたもので，そこには人間的な要素がどこにも入る余地がないものと思っていました。しかし，それらの基準決定には，多くの人々の智恵と不断の努力があったこと（あること）がわかり，力学量に改めて親しみが沸いてきたような気がします。

第5章
エネルギーとは？

エネルギーという言葉は度々耳にしたことがあると思います。電気エネルギー，熱エネルギー，太陽からのエネルギーなどがその例です。物理学では，エネルギーは大変重要な量です。ここでは，物体がもつ力学的なエネルギーについて，先生とFさん・H君の3人の問答で考えてみます。

5-1 等速直線運動する物体のエネルギー

先生がFさんとH君に向かって話しかけるところから，3人の問答が始まりました。

これまでは，物体の位置と速度について話してきました。物体が静止している場合を除けば，これらの量は時間が経つにつれて変化します。その変化の様子を決めるのが，運動方程式でしたね。

その運動方程式の解き方も教えてもらいました。長い長い式が出てきましたが……(笑)。

そうでしたね(笑)。今回は，位置と速さの組み合わせで表される力学量のうちで，位置と速さが変化しても，その大きさが変化しないものに注目することにします。話を進めるために，最初は物体に力が作用していない場合を考えてみましょう。

🧑 物体に力が作用していない場合，位置は変化しますが，その速さは変化しなかったですね。先生が話そうとされている物理量は，この速さのことですか。

👨‍🏫 H君が指摘したように，物体に力が作用していないときには，その速さが変化しないことは確かですね。しかし，ここでは速さそのものよりも，それを2乗したものに注目することにします。直線運動する物体の場合(1次元運動する物体の場合)を考えると，力が作用しないときその物体の速さvは定数(時間が経っても変化しない量)ですから，その2乗から作られた次の量も定数となります……。

先生は話しながら，黒板に次の式を書きました。

$$E_\text{K} = \frac{m}{2} v^2 \tag{5.1}$$

運動エネルギー

👩 先生，その式に出てくるmは物体の質量ですか。

👨‍🏫 そうです。質量は定数だし，今の場合v^2も定数なので，その積で表された量も定数であることはいいですね。

🧑 それはわかりますが，なぜvではなく，v^2を取り上げるのですか。定数であることは同じなのに……。

👩 それに，なぜ$\frac{m}{2}$をかけた量に注目するのかもわからないわ……。

👨‍🏫 その理由は，物体に力が働いている場合を考えるとわかると思います。今のところは，物体に力が作用していないとき，すなわち物体が等速直線運動しているとき，式(5.1)で導入されたE_Kは，時間によらない定数であることを理解しておいてください。E_Kを，この物体の**運動エネルギー**とよびます。

🧑‍🦱👨 等速直線運動する物体の運動エネルギーは定数である……，ここまではわかりました。

👨 時間が経っても物理量の値が変わらないことを，それは保存するといい，その物理量を**保存量**とよびます。等速直線運動の運動エネルギーは，時間が経過してもその値は変化しないので保存量です。

👦 物体に力が作用すると，その物体の速度は変化するので，運動エネルギーは保存しないことになりますね。その場合はどうなるのですか？

👨 その場合は，次の節で説明することにします。

　先生とFさん・H君の問答は，ここで一息おくことにして，上で導入された運動エネルギーE_Kの次元を調べておきます。E_Kの次元は

　　運動エネルギーE_Kの次元＝（質量の次元）×（速さの次元）^{2}

$$= M\left(\frac{L}{T}\right)^2 = \frac{ML^2}{T^2} \tag{5.2}$$

となります。

5-2 運動エネルギーの変化と力の関係

物体の速さの変化を引き起こすのは，その物体に作用する力でした。速さが変化したことによる運動エネルギーの変化量と，物体に加えられた力の関係を調べてみます。再び3人の問答が始まりました。

物体に力が作用したときの運動エネルギーの変化を調べるために，時刻 t_0 における質量 m の物体の運動エネルギー $E_K(t_0)$ と，時刻 $t_0+\Delta t$ における運動エネルギー $E_K(t_0+\Delta t)$ の差を見てみると……。H君，$E_K(t_0)$ を黒板に書いてください。

わかりました。時刻 t_0 の運動エネルギーだから……。

$$E_K(t_0) = \frac{m}{2}v^2(t_0) \tag{5.3}$$

時刻 $t_0+\Delta t$ の運動エネルギーは私が書きます。

$$E_K(t_0+\Delta t) = \frac{m}{2}v^2(t_0+\Delta t) \tag{5.4}$$

そうですね。だから，時刻 t_0 から $t_0+\Delta t$ 間の運動エネルギーの変化量は，$E_K(t_0+\Delta t)$ から $E_K(t_0)$ を引けばよいので……。

$$E_K(t_0+\Delta t) - E_K(t_0) = \frac{m}{2}\{v^2(t_0+\Delta t) - v^2(t_0)\} \tag{5.5}$$

ですね。これを運動エネルギーの変化量という意味で $\Delta E_K(t_0)$ と表します。

力が物体にする仕事

🧑‍🦰 問題は，$\Delta E_K(t_0)$と，この間に物体に作用した力の関係ですね。えーと……。

👨 そうだ，式(5.5)の右辺は，次のように

$$\frac{m}{2} \times \{v(t_0+\Delta t)-v(t_0)\}\{v(t_0+\Delta t)+v(t_0)\} \tag{5.6}$$

と因数分解できますが，これで何かわかるだろうか。

🧑‍🦰 $v(t_0+\Delta t)-v(t_0)$は，時刻t_0と時刻$t_0+\Delta t$間の平均の加速度$\overline{a}(t_0)$にΔtをかけたものなので，$\overline{a}(t_0)\Delta t$となるわ。

👨 $v(t_0+\Delta t)+v(t_0)$は，この間の平均の速さ$\overline{v}(t_0)$の2倍だから，Fさんの話と合わせると，運動エネルギーの差$\Delta E_K(t_0)$は

$$\Delta E_K(t_0) = \frac{m}{2}\{\overline{a}(t_0)\Delta t\}\{2\overline{v}(t_0)\} = \{m\overline{a}(t_0)\}\{\overline{v}(t_0)\Delta t\} \tag{5.7}$$

と書き直すことができる……。

🧑‍🦰 わかった！ 運動方程式を使うと，$m\overline{a}(t_0)$はこの間に作用した力の平均$\overline{f}(t_0)$であり，$\overline{v}(t_0)\Delta t$は時間間隔$\Delta t$の間に物体が移動した距離$\Delta x(t_0)$なので

$$\Delta E_K(t_0) = \overline{f}(t_0)\Delta x(t_0) \tag{5.8}$$

となって，運動エネルギーの変化$\Delta E_K(t_0)$と，この間に作用した力$\overline{f}(t_0)$の関係が出てきました。先生，これでいいんでしょう？

👨‍🏫 そうです。それでいいんです。2人ともよく考えましたね。式(5.8)の右辺に現れた量$\overline{f}(t_0)\Delta x(t_0)$のことを，時間間隔$\Delta t$間に力が物体にした**仕事量**といい，$\Delta W(t_0)$で表します（Wは英単語workの頭文字）。式(5.8)は，力が物体にした仕事量だけ，その物体の運動エネルギーが変化したことを示しています。

👨 今の議論は楽しかったなー。運動方程式はこんなことまで明らかにするんですね。びっくりしました。

🧑‍🏫 力学が面白くなってきたようですね。

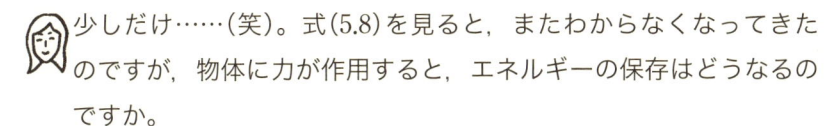

👩 少しだけ……（笑）。式(5.8)を見ると，またわからなくなってきたのですが，物体に力が作用すると，エネルギーの保存はどうなるのですか。

🧑‍🏫 その問題は，次のところで調べてみることにしましょう。

次に進む前に，3人の問答を補っておきます。上で導入された仕事量の次元は

$$\text{仕事量の次元}=(\text{力の次元})\times(\text{長さの次元})=\frac{ML}{T^2}\times L=\frac{ML^2}{T^2} \quad (5.9)$$

です。これは，運動エネルギーの次元と一致します。質量と速さの2乗の積で決まる運動エネルギーと，力と移動距離の積で表される仕事量は，それぞれ異なる物理量の組み合わせでできたものですが，それらの次元が同じであることは，これらの2種類の物理量を等号で結ぶことに力学的な意味があることを示しています。

5-3 等加速度運動の場合

　物体に力が作用するとその物体の運動エネルギーは保存しないこと，その増減分は力が物体にした仕事量に等しいことがわかりました。ここで，Fさんの質問に答えるために，一定の力が作用している等加速度運動を例にとって，エネルギーの保存について調べてみます。

　Fさん，等加速度運動の場合には，仕事量$\Delta W(t_0)$はどうなりますか。

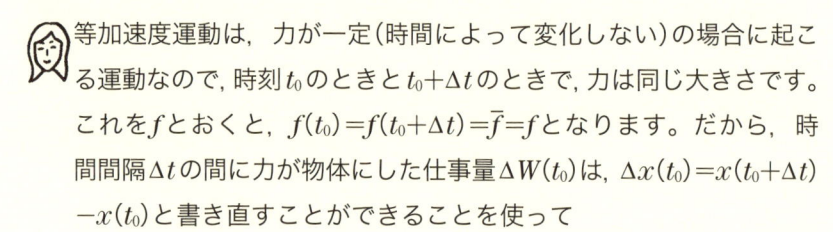

　等加速度運動は，力が一定（時間によって変化しない）の場合に起こる運動なので，時刻t_0のときと$t_0+\Delta t$のときで，力は同じ大きさです。これをfとおくと，$f(t_0)=f(t_0+\Delta t)=\bar{f}=f$となります。だから，時間間隔$\Delta t$の間に力が物体にした仕事量$\Delta W(t_0)$は，$\Delta x(t_0)=x(t_0+\Delta t)-x(t_0)$と書き直すことができることを使って

$$\Delta W(t_0)=\bar{f}(t_0)\Delta x(t_0)=f\{x(t_0+\Delta t)-x(t_0)\} \qquad (5.10)$$

となる……。

　ということは，式(5.8)の左辺に式(5.10)を代入し，その左辺を式(5.5)を使って書き直すと

$$\frac{m}{2}v^2(t_0+\Delta t)-\frac{m}{2}v^2(t_0)=fx(t_0+\Delta t)-fx(t_0) \qquad (5.11)$$

となりますが，ここから，えーと……。

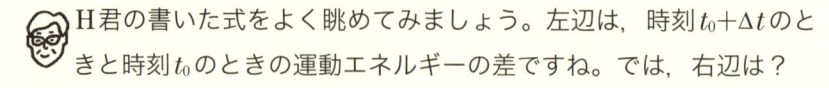

　H君の書いた式をよく眺めてみましょう。左辺は，時刻$t_0+\Delta t$のときと時刻t_0のときの運動エネルギーの差ですね。では，右辺は？

　時刻$t_0+\Delta t$のときの$fx(t_0+\Delta t)$と，時刻t_0のときの$fx(t_0)$の差です。

　そうですね。だから項を移動すると，左辺は時刻$t_0+\Delta t$のときの量だけ，右辺は時刻t_0のときの量だけにまとめ直すことができて

$$\frac{m}{2}v^2(t_0+\Delta t) - fx(t_0+\Delta t) = \frac{m}{2}v^2(t_0) - fx(t_0) \tag{5.12}$$

と変形できます。これで何かわかりますか。

🧑 ……。左辺は時刻 $t_0+\Delta t$ だけの量，右辺は時刻 t_0 だけの量，それも同じ物理量の組み合わせの……，先生，わかりました。

👨 わかりましたか。では説明してください。

● エネルギーの保存

H君が説明を始めました。

🧑 説明を簡単化するために，運動エネルギーと fx の差で作られる量を

$$E(t) = E_K(t) - fx(t) \tag{5.13}$$

で表します。このとき，式(5.12)は

$$E(t_0+\Delta t) = E(t_0) \tag{5.14}$$

となり，$E(t_0+\Delta t)$ と $E(t_0)$ が等しいこと，すなわち，$E(t)$ が保存すること(時間によらないこと)がわかりました。

👧 なるほど……。この場合，運動エネルギーと $fx(t)$ は，それぞれ単独では，時間が経つにつれてその大きさが変化するのだけど，それらの差で作られた E は一定になる，ということですね。先生，$fx(t)$ も運動エネルギーと同じ次元をもっていますが，これもエネルギーの一種と考えてよいのですか。

👨 Fさんが気づいたように，$fx(t)$ もエネルギーの一種です。$fx(t)$ に'−'の符号をつけたものを，**ポテンシャル・エネルギー**(または単にポテンシャル)といい，記号 $V(t) = -fx(t)$ で表します。運動エネルギー $E_K(t)$ とポテンシャル・エネルギー $V(t)$ の和 $E(=E_K(t)+V(t))$ が，この物体の全エネルギー(**力学的エネルギー**)であり，この運動ではその全エネルギーが保存します(Eは英単語 energy の頭文字)。

力が一定の場合，言いかえれば等加速度運動の場合，物体の全エネルギーが保存することはわかりました。では，力が一定でない場合はどうなるのですか。やはり全エネルギーは保存するのですか。

H君の疑問については，節を改めて考察することにしましょう。

5-4 力が一定でない場合の物体のエネルギーも保存する?

　前節で,物体に作用する力が一定の場合は,運動エネルギーとポテンシャル・エネルギーの和が保存することを見ました。H君の頭の中には,すぐに次の疑問が湧いてきたようです。力が変化する場合は,どうなるのでしょうか。

　力が変化する運動では,エネルギーが保存する場合と保存しない場合があります。

　えっ！ なんだかはっきりしないですね……(笑)

　等加速度運動のときは,力がした仕事量 $\Delta W(t_0)$ は,時刻 $t_0+\Delta t$ のときのポテンシャル・エネルギー $V(t_0+\Delta t)$ と,時刻 t_0 のときの同じポテンシャル・エネルギー $V(t_0)$ の差となりましたね。だから,項を移動することで,式(5.8)を,左辺が時刻 $t_0+\Delta t$ の全エネルギー,右辺を時刻 t_0 の全エネルギーとまとめ直すことができたのです。

　そして,それが等しいので,その全エネルギーが保存する,と判断できたのでしたね。だとすると,力が変化するときも,$\Delta W(t_0)$ が2つの時刻のポテンシャル・エネルギー量の差で表されるときは,同じことが言えそうですね……

　そうです。等加速度運動の場合とは関数形は違っても,$\Delta W(t_0)$ が,ある関数 $V'(t)$ の時刻 $t_0+\Delta t$ のときの値 $V'(t_0+\Delta t)$ と,時刻 t_0 のときの値 $V'(t_0)$ の差

$$\Delta W(t_0) = -V'(t_0+\Delta t) + V'(t_0) \tag{5.15}$$

で与えられる場合には,これと運動エネルギーの和で与えられる全エネルギー

$$E = E_K(t) + V'(t) \tag{5.16}$$

が保存します。

🧑 そんな力学系はあるのですか？

👨 第6章で取り上げるいくつかの例は，全エネルギー E が保存する物体の運動です。全エネルギー（この場合，力学のエネルギー）が保存するとき，**エネルギー保存則**が成り立っているといいます。

● 広い意味でのエネルギー保存

H君の質問が続きます。

🧑 エネルギー保存則が成り立たない場合もあるのですか。

👨 力の種類によっては，仕事量が式(5.15)のような形で表せない場合もあります。その場合は，この物体のエネルギー（力学のエネルギー）は保存しません。

👩 そんなことがあるのですか……。その場合，エネルギーの変化分はどうなるのですか。

👨 物体の全エネルギーが保存しない場合は，その物体に作用をおよぼす外部の物体のエネルギーなども考慮して，それらのエネルギーを含めた全体のエネルギーを考えることが必要です。その場合，エネルギーは，運動エネルギー，ポテンシャル・エネルギーからなる力学的エネルギーのほかに，熱エネルギーや電気エネルギーなども考慮に入れることになりますが，これらのエネルギーのすべてを加えたエネルギーは，いつでも保存されることがわかっています。このことを，**広い意味でのエネルギー保存則**といいます。

5-5 3次元空間の運動とエネルギー

質量mの物体が，3次元空間を速度ベクトル$\vec{v}(t)$で運動するとき，この物体の運動エネルギー$E_K(t)$は，各方向の運動エネルギーの和

$$E_K(t) = \frac{m}{2}\{v_x^2(t) + v_y^2(t) + v_z^2(t)\} = \frac{m}{2}\{\vec{v}(t) \cdot \vec{v}(t)\} \qquad (5.17)$$

で表されます。式(5.17)右辺の$\vec{v}(t) \cdot \vec{v}(t)$は，ベクトル$\vec{v}(t)$の内積であり，$v_x(t)$, $v_y(t)$, $v_z(t)$は，それぞれ$\vec{v}(t)$のx成分，y成分，z成分です。また，時刻t_0から$t_0 + \Delta t$の間に，力$\vec{f}$がこの物体になした仕事量$\Delta W(t_0)$は

$$\Delta W(t_0) = \bar{f}_x(t_0)\Delta x + \bar{f}_y(t_0)\Delta y + \bar{f}_z(t_0)\Delta z = \vec{\bar{f}}(t_0) \cdot \Delta \vec{r}(t_0) \qquad (5.18)$$

となります。ただし，$\Delta \vec{r}(t_0) = \vec{r}(t_0 + \Delta t) - \vec{r}(t_0)$であり，$\vec{\bar{f}}(t_0) \cdot \Delta \vec{r}(t_0)$は，ベクトル$\vec{\bar{f}}(t_0)$と$\Delta \vec{r}(t_0)$の内積です。

式(5.17)と式(5.18)からわかるように，運動エネルギー$E_K(t)$と仕事量$\Delta W(t_0)$はスカラー量です。

● 力が作用しない場合

力が作用しないとき，物体の速度は変化しないので，式(5.17)の運動エネルギーは保存します。

● 力が一定の場合

この場合，$\vec{f}$は時間によって変化しませんから，1次元運動と同様に，次の関係

$$\frac{m}{2}\{\vec{v}(t_0 + \Delta t) \cdot \vec{v}(t_0 + \Delta t)\} - \frac{m}{2}\{\vec{v}(t_0) \cdot \vec{v}(t_0)\} = \vec{f} \cdot \vec{r}(t_0 + \Delta t) - \vec{f} \cdot \vec{r}(t_0) \qquad (5.19)$$

が成り立つので，全エネルギー

$$E = \frac{m}{2}\{\vec{v}(t) \cdot \vec{v}(t)\} + V(\vec{r}(t)) \tag{5.20}$$

は保存します。ここで，ポテンシャル・エネルギー $V(\vec{r}(t))$ は，$V(\vec{r}(t)) = -\vec{f} \cdot \vec{r}(t)$ です。運動エネルギーとポテンシャル・エネルギーは，それぞれがベクトルとベクトルのスカラー積で定義されたスカラー量なので，その和で与えられる全エネルギー E もスカラー量です。

● 力が変化する場合

　物体に作用する力の多くは，時間が経過するにつれて変化します。その変化の仕方によって，式(5.18)の仕事量 $\Delta W(t_0)$ も異なります。

　そのため，エネルギー保存に関する一般的な考察はできませんが，力の種類によっては $\Delta W(t_0)$ が，時刻 t_0 における物体の位置ベクトル $\vec{r}(t_0)$ の関数 $V(\vec{r}(t_0))$ と，時刻 $t_0 + \Delta t$ の位置ベクトル $\vec{r}(t_0 + \Delta t)$ の同じ関数 $V(\vec{r}(t_0 + \Delta t))$ の差

$$\Delta W(t_0) = -V(\vec{r}(t_0 + \Delta t)) + V(\vec{r}(t_0)) \tag{5.21}$$

の形で表されることがあります。この場合，式(5.20)と同様に，全エネルギー $E (= E_K(t) + V(\vec{r}(t))$ が保存します。

　一方，力の種類によっては，仕事量を式(5.21)の形で表せないこともあります。この場合，物体のもつエネルギーの時間変化は，それだけで閉じることはなく，物体に作用を及ぼす外部のエネルギーを考慮して，考察することが必要となります。

5-6 エネルギー保存からわかること

　運動エネルギーとポテンシャル・エネルギーの和で表される全エネルギーの保存則について学びました。物体の全エネルギーが保存することは、その物体の運動を調べる上でどんな意味をもつのでしょうか。先生とFさん・H君に、この点について話し合ってもらいます。

🧑‍🦱 力学では、外部から力を受けた物体が、時間が経過するにつれて、その位置がどのように変化するかを調べることが、主な目的だと思っていました。そのためには、任意の時刻tにおける物体の位置を表すベクトル$\vec{r}(t)$を求めることで、課題が達成されるのではないかと思うのですが、エネルギーを調べることにどんな意味があるのですか。

👩 エネルギー保存の話を聞きながら、私も同じような疑問を感じていました。

👨‍🏫 それはですね。どんな説明がわかりやすいかな……。確かに、力学の中心的な課題の一つは、力の作用を受けた物体の任意の時刻における位置$\vec{r}(t)$を求めることです。第6章でも取り上げますが、太陽の引力の影響を受けた地球や木星などの惑星が、将来のある時刻にどの位置にあるかを知ることは、力学のとても大切な課題です。その意味で、運動方程式を用いて惑星の位置を理論的に求めることができたこと、これは力学の大きな成果といえます。

👩 それでは不十分なんですか……。

👨‍🏫 不十分というわけではありません。惑星の運動を例にとって話していますが、その場合、任意の時刻におけるその位置を求めるだけに

留まらず，もっといろいろな視点から見たとき，その運動に関して新たな疑問や興味が湧いてきませんか。

● 物体の運動における保存量の意味

……。そう言われれば，いろいろな惑星が，それぞれ決まった時間が経過すると，それぞれの元の場所に戻るのはなぜなのか，ということが不思議でした。でもそれは，例えば，地球の1年後の正月の位置，2年後の正月の位置を求めて，そのとき確かに元の位置に戻ることを確かめれば，それでよいのではないかと思いますが……。

そうですね。確かにそれで正月に関しての疑問は解けますね。ところで，H君は，地球の毎年の正月の位置だけを確かめるだけで，その疑問に納得できるのですか。例えば，3月5日の位置は，8月10日の位置は……。

365日，もっと細かくいえば，365日の各時刻に，それを確かめるのは大変ですね。何かよい調べ方があるのですか。

地球が，毎年，各日時に同じ場所を通って，太陽の周りを回っているということは，いいかえれば地球の運動が太陽の周りに描く曲線は同じであることになります。このことは，地球の描く曲線が，1年，2年，……と時間が経っても変わらないことを意味しています。地球の運動が描く曲線を地球の軌道といいますが，それが時間を経ても変化しないことは，それを特徴づける物理量があり，その物理量が変化しないはずですね。

わかった。それが運動の定数である保存量ですね。そして，エネルギーはその役割を果たす物理量の一つなのですね。

わかってもらえたようですね。地球だけでなく，他の惑星の場合にも同様なことがいえます。また，それ以外の場合でも，物体の運動において，その位置や速度など，時間の経過につれて変化するもの

とは別に，時間が経過しても変化しないその運動の特性などは，保存量によって表されることになります。全エネルギーはその代表的なものであると考えてください。

🧑 なるほど，エネルギーの役割の重要性がわかりました。エネルギー以外にも保存量はあるのですか。

👨 いろいろな運動で，その運動に特有な保存量があることがあります。しかし，その中でも，多くの運動でエネルギーの保存則が成り立つことからもわかるように，エネルギーは最も基本的な保存量です。

🧑 エネルギーと保存量の重要性がよくわかりました。力学にはいろいろな興味深いことがあるのですね。なんだか，力学を好きになりそう……。

コラム 力学こぼれ話 「重力(万有引力)の魅力」

　重力は歴史上最も早い時期からその存在が知られていただけでなく，すべての物体間で引力として働くことから万有引力ともよばれ，自然界の構造を作る上で重要な役割を果たしています。また，身体を地面に縛り付けておかなくても，人々が宇宙に放り出されることもなく，地球上で日常生活を送れるのは人に作用する地球の重力のおかげです。その意味でも人間の生活に重力が果たす役割の大きさを理解できるでしょう。

　子どもの頃から'地に足をつけて生きるように'と教えられましたが，地に足がついているのは重力のおかげであることがわかりました。ちょっと意味が違いますが……(笑)

　あまりにも当然のことなので，我々の生活の中で地球の重力が果たしている役割を見落としがちですね。'地に足をつけて'生活するために(笑)，この機会に重力について考えてみましょう。

　重力はすべての物体間で働くのだから，例えば人と人の間でも引力として作用しているはずですね。でも，あまりそんなことは感じませんが……，僕は感度が鈍いのかな？

　H君の感度を調査してみましょう(笑)。そのために，標準的な例として，それぞれ体重60 kgの2人が1 m離れて立っている場合に，この2人の間に作用する重力の強さを求めてください。

　質量m_1と質量m_2の物体が，距離rだけ離れているときの重力の強さfは

$$f = \frac{Gm_1m_2}{r^2}$$

です。ここで，Gは万有引力定数です(その値は付録を参考にしてください)。ここで，$m_1=m_2=60$ kg，$r=1$ mを代入すると，$f \approx$

$2.4×10^{-7}$ kg·m/s² ≈ $2×10^{-7}$ N となります。ここで，N は簡略化された力の単位ニュートン（N=kg·m/s²）を表します。これで2人の間に働く引力の強さが求められましたが，それが実際にどれくらいの強さなのか，いまひとつはっきりしません。H君の感度が鈍いのか，そうでもないのかも。

🧑 そうかもしれませんね。ではこんなことを考えてみましょう。気圧という言葉は聞いたことがありますね。

👩 気圧というのは単位面積あたりの空気の重さだと思います。1気圧は，約 10N/cm^2 なので，このときには地面はもちろん我々の皮膚は，1cm^2 あたりおおよそ 10 N の力で押されていることになります。

🧑 そうです。われわれはいつもそれだけの力で押さえつけられているのですが，あまりそんな意識はありませんね。いつも空気を背負っているので，肩がこったという話もあまり聞いたことがありません（笑）。だから，人は 10 N 程度の力をあまり意識しないのだと考えることができます。

🧑 人と人の間で作用する重力は，それよりもはるかに小さいですね。だからそれを感じないんだ。僕の感度が鈍いからではないことがわかって安心しました（爆笑）。考えようによっては，重力はとても弱い力なんですね。

🧑 考えようによっては，そうなりますね。しかし，重力は質量の積に比例しますので，天体間で作用する場合には非常に強い力となります。太陽系が天体系としてのまとまりをもっているのは，太陽と惑星間の重力の効果によるものです。太陽系を超えると銀河がありますが，これは恒星が集まって構成されている天体系です。銀河の形成にも恒星間の重力が重要な役割を果たしています。

🧑 ということは，自然界の大きな構造を作るには，重力が重要な役

割を果たしているのですね。単純に重力を弱い力とみなすのは間違いであることがわかりました。

🧑‍🦳 自然界の最大の構造である宇宙そのものも、それをまとめているのは重力なのです。

👩 日常生活から宇宙全体のことまで、重力が重要な役割を果たしているのですね。なんだか、新しい目が開いた気分です。重力って魅力的ですね！

第6章
いろいろな運動の例

前章までで,物体の運動の基本的なルールと,運動方程式の解き方について学びました。この章ではこれまで学んだ知見を用いて,代表的ないくつかの運動についてその構造を調べてみます。まず最初に,等加速度運動の例として地表に近いところからの物体の落下運動を取り上げます。次に,力が変化する一次元運動の例として,バネにつるされた物体の振動運動を見てみます。続いて,3次元の運動の代表的な例として,惑星の運動について調べます。

6-1 落体の運動

　等加速度運動の例として，第1章で先生が講義中に行った物体の落下実験を思い出してみましょう。物体は下向きにだけ運動しますので，この運動を調べるための基準系として，教室の床を原点とし，垂直方向をz軸（上向きがzの正方向）とする1次元座標系を使います。床から測ったとき，物体を支えていた先生の手の高さは約1メートルでしたが，ここではそれをhメートルとします。

❶ 真下に落下する物体の運動

　落下する物体には，地球の重力と空気の抵抗などが作用しますが，ここでは空気の抵抗などは小さいので無視できる場合を考えることにします。このとき物体に作用する力は地球の重力だけですが，地球の重力だ

けを受けて落下する運動を**自由落下運動**とよびます。物体に作用する地球の重力の大きさは，地球の中心から物体までの距離によって変化しますが，物体が地上(地球表面)からあまり高くない範囲では，その強さはほぼ一定とみなすことができます(地表より100メートルの高さでの引力と，地表での引力の大きさの違いは1万分の1よりも小さい)。そのため，この実験では，物体に作用する下向きの重力fの大きさは，一定と考えることができます。ここで，mを物体の質量，gを**重力加速度**とすると(重力加速度の次元は$[L／T^2]$であり，加速度と同じ次元をもちます。gは重力によって生じた加速度を表すという意味で重力加速度とよばれています)，物体に作用する力は下向き(z軸の負の方向)に大きさmgとなります。

この物体の運動方程式は

$$ma_z = f = -mg \tag{6.1}$$

です。右辺の'−'は力が下向きに働くことを表しています。力が一定ですから，この運動は等加速度運動で，その加速度は$a_z=-g$です。

等加速度運動の場合の式(4.25)と式(4.26)を使うと，時刻tにおける物体の位置$z(t)$と速さ$v(t)$は，式(4.25)のxをzに置き換えて

$$z(t) = z(t_0) + v(t_0)(t-t_0) - \frac{g}{2}(t-t_0)^2 \tag{6.2}$$

$$v(t) = v(t_0) - g(t-t_0) \tag{6.3}$$

と表されます。

先生が手を離したときから時刻を測り始めるとすると，式(6.2)と式(6.3)で$t_0=0$となります。また，物体が落下を始めたとき(時刻0)の物体の高さはhなので$z(t_0)=h$とおくことができます。さらに，手を離すまで物体は静止していましたので，最初の速さは$v(t_0)=0$となります。これらを，式(6.2)と式(6.3)に代入すると

$$z(t) = h - \frac{g}{2}t^2 \tag{6.4}$$

$$v(t) = -gt \tag{6.5}$$

が得られます。これが時刻 t における物体の高さと速さです。式(6.5)で速さに'−'が付いているのは，物体が下向き（z 軸の負の方向）に移動していることを意味しています。

式(6.4)の右辺で，$t=0$ とすると，そのときの高さ $z(0)$ は h となりますが，これはこの物体が高さ h のところから落下を始めたことを示しています。右辺第2項の $\frac{g}{2}t^2$ は，最初はゼロですが時間が経過するにつれて，その値は少しずつ大きくなりますので，結果として $z(t)$ は時間が経つにつれて小さくなる（物体の高さが低くなる）ことがわかります。そして，最終的には高さゼロ，すなわち床に落下します。物体が床に落下するまでに経過した時間を，物体の落下時間とよぶことにします。

図6-1　物体の自由落下運動

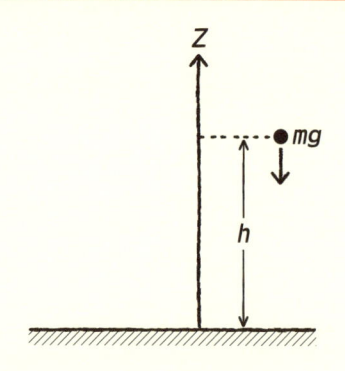

落下時間

落下時間の話が出てきたところで，先生がA君に質問をしました。

> A君，質量 m の物体が，高さ h から最初の速さ（これを**初速**といいます）ゼロで，自由落下するときの落下時間と，床に落下したときの速さを求めてください。

> 落下時間は，物体が高さ h から落下し始めて，床に落下するまでに

経過した時間でしたね。式(6.4)と式(6.5)の時刻は，落下を始めたときから測り始めた時間ですから，式(6.4)の左辺がゼロ（高さがゼロ）になるときの時刻を求めれば，それが落下するのに要した時間だと思います。左辺を0としたときの式(6.4)をtについて解くと

$$落下時間 = \sqrt{\frac{2h}{g}} \tag{6.6}$$

となりました。これが高さhから床に落下するのに要する時間です。

🧓 そうですね。よくできました。そのときの速さは……。

🧑 物体が床に落下したときの速さは，式(6.5)の時刻tに式(6.6)の落下時間$\sqrt{\frac{2h}{g}}$を代入すれば求められるので

$$落下したときの速さ = -g\sqrt{\frac{2h}{g}} = -\sqrt{2gh} \tag{6.7}$$

です。'−'の符号は，速さが下向きであることを示しています。これで落下時間と，落下したときの速さが求められたことになりますが，なんだか不思議ですね。

🧓 何か納得のいかないことがありますか……。

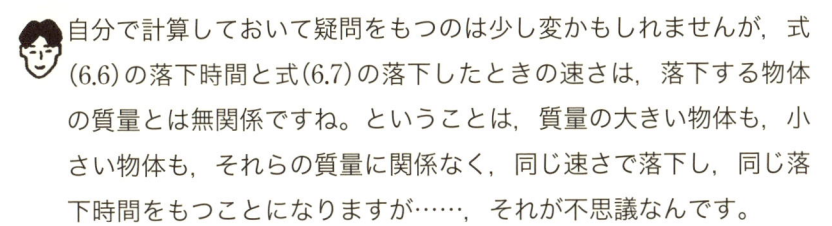

🧑 自分で計算しておいて疑問をもつのは少し変かもしれませんが，式(6.6)の落下時間と式(6.7)の落下したときの速さは，落下する物体の質量とは無関係ですね。ということは，質量の大きい物体も，小さい物体も，それらの質量に関係なく，同じ速さで落下し，同じ落下時間をもつことになりますが……，それが不思議なんです。

🧓 よいところに気がつきましたね。物体が落下するのは，その物体に地球の重力が作用しているからでした。そして，その重力の強さは，落下する物体の質量に比例していました。運動方程式(6.1)に戻ってみるとわかることですが，重力が物体の質量に比例しているために，式(6.1)の左右両辺を質量mで割ることができて，その結果として落下運動の加速度はmに無関係になります。落下時間が質量によらないのはこのためです。

第6章 いろいろな運動の例

6-1 落体の運動

🧑 なるほど……。だから落下時間が重力加速度 g と，落下を始めた位置の高さ h だけで決まるのですね。

👨‍🏫 今言いましたように，重力の強さが物体の質量に比例していることが，A君の不思議を解く鍵でしたが，言いかえればこれは重力の重要な特色だということもできます。自然界には重力以外の力がありますが，その強さが質量に比例しているのは重力だけですから……。

🧑 強さが質量に比例するのは重力だけなのですか。それは興味深いことですね。僕が不思議に思ったことは理由があったのか……。

👨‍🏫 ただ，注意しておきたいのは，今までの話は物体が自由落下している場合，別の言い方をすれば，落下している物体に空気の摩擦など，重力以外の力が作用していないとみなした場合を考えていました。実際の落下運動では，空気の摩擦が無視できるほど小さい場合もあるし，それが重要な役割を果たすこともあります。空気の摩擦を無視できない場合は，物体の落下は自由落下とは異なりますので，物体の質量だけでなく，その材質や形などによっても落下の様子が違ってくることになります。

　先生の話が一段落したところで，日常的に身の回りで経験する自由落下運動をより深く理解するために，実際に物体がどれくらいの時間で床まで落下するかを求めてみることにします。自由落下する物体の落下時間の例として，高さ10メートルのビルの屋上から初速ゼロで落下を始めた物体が，地上に落ちるまでの時間と，落下したときの速さを求めます。

　長さの単位をメートル，時間の単位を秒にとったとき，重力加速度の大きさは $g=9.8\,\mathrm{m/s^2}$ です。これと，$h=10\,\mathrm{m}$ を，式(6.6)と式(6.7)に代入すると，落下時間と落下したときの速さはそれぞれ

$$\text{高さ10メートルから地上までの落下時間} = \sqrt{\frac{2\times 10\,\mathrm{m}}{9.8\,\mathrm{m/s^2}}} \approx 1.4\,\mathrm{s} \quad (6.8)$$

$$落下したときの速さ = -\sqrt{2 \times 10\,\text{m} \times 9.8\,\text{m/s}^2} = -14\,\text{m/s} \quad (6.9)$$

となります。この結果，高さ10メートルのビルの屋上から物体が自由落下するとき，その物体が地上に落ちるまでの所要時間は約1.4秒であり，落下したときの速さは秒速14メートルであることがわかりました。

落下を始める高さが10mよりも高ければ，落下に要する時間はそれだけ長くなり，落下したときの速さはより速くなります。初めの高さが10mよりも低い場合はその逆です。これらの値は，日常的な落下運動を理解するための一つの目安となるものであり，おおよその数値的な知識も含めて調べることで，実際の運動についての理解と興味がさらに深まることと思います。

● 落下運動のエネルギー

自由落下する物体のエネルギーについて調べることにします。

自由落下する物体のエネルギーを調べることにします。この運動は等加速度運動であり，等加速度運動する物体は運動エネルギーとポテンシャル・エネルギーをもっていたことを思い出してください。Fさん，質量 m の物体が自由落下するときのポテンシャル・エネルギーを黒板に書いてください。

わかりました。式(5.13)を見ると，等加速度運動のポテンシャル・エネルギー $V(t)$ は，力 f と物体の位置 x の積にマイナスをつけた式で表されました。この式で $f = -mg$ とおき，x のかわりに z とおけば，この運動のポテンシャル・エネルギー $V(t)$ は

$$落下運動のポテンシャル・エネルギー \quad V(t) = mgz(t) \quad (6.10)$$

となります。

そうですね。だから，運動エネルギーとポテンシャル・エネルギーを加えた全エネルギー E は

$$E = \frac{m}{2}v^2(t) + mgz(t) \quad (6.11)$$

6-1 落体の運動

と表されます．自由落下運動では，物体のもつこの全エネルギーが保存されました．ということは，落下を始めたときのEと，落下中のE，および床に落下したときのEは，すべて同じ値であることになります．では，A君，落下開始時のEを求めてください．

🧑 最初の物体の位置はhであり，静止状態から落下し始めたのだから，最初の速さは0でしたね．だから，式(6.11)で，$z=h$，$v=0$とおくと，落下開始時のエネルギーは

$$\text{落下を始めたときの全エネルギー}\quad E=mgh \tag{6.12}$$

と表されます．

🧑 では次に，落下中のエネルギーEを求めましょう．Fさん，落下中の時刻$t\left(0<t<\sqrt{\dfrac{2h}{g}}\right)$の，運動エネルギー$E_\text{K}(t)$を求めてください．

👩 式(6.5)から時刻tの速さは，$v(t)=-gt$なので，このときの運動エネルギーは

$$E_\text{K}(t)=\frac{m}{2}(-gt)^2=\frac{m}{2}g^2t^2 \tag{6.13}$$

です．この式を見ると，運動エネルギーは時間が経つにつれて増加しています．

🧑 予想したとおり，落下運動では，運動エネルギーが定数でないことが明らかになりました．次に，ポテンシャル・エネルギー$V(t)$はどうなりますか．

👩 ポテンシャル・エネルギーは，$mgz(t)$で表されたので，これに式(6.4)の$z(t)$を代入すると

$$V(t)=mg\left(h-\frac{g}{2}t^2\right)=mgh-\frac{m}{2}g^2t^2 \tag{6.14}$$

となります．ポテンシャル・エネルギーも定数ではありません．ただし，運動エネルギーとは違って，ポテンシャル・エネルギーは，時間が経つと減少します．

😀 そうですね。それでは，運動エネルギーとポテンシャル・エネルギーを足した全エネルギー E はどうなりますか。

😀 全エネルギーは，式(6.13)の運動エネルギーと式(6.14)のポテンシャル・エネルギーを足したものだから

$$E = E_K(t) + V(t) = \frac{m}{2}g^2t^2 + \left(mgh - \frac{m}{2}g^2t^2\right) = mgh \qquad (6.15)$$

となります。これは時間に無関係な定数であって，しかも落下を始めたときの全エネルギー(6.12)と同じ値です。

😀 それでは，Fさん，床に落下したときのエネルギーを求めてください。

😀 床に落下したときの物体の位置は $z=0$ であり，速さは式(6.7)から $-\sqrt{2gh}$ なので，これを式(6.11)に代入すると，落下したときの全エネルギーは

$$E = \frac{m}{2}(-\sqrt{2gh})^2 = mgh \qquad (6.16)$$

です。このときの全エネルギーも，落下開始時と落下中の全エネルギーと同じ値になりました。

😀 いま，A君とFさんに調べてもらったように，時間が経つにつれて，自由落下する物体の落下中の運動エネルギーは増加し，ポテンシャル・エネルギーは減少しますので，それぞれは時間とともに変化しました。しかし，運動エネルギーとポテンシャル・エネルギーを足した全エネルギーは時間によらない定数であり，しかもその値は落下開始時と床に落下したときの全エネルギーと同じであることも確かめられました。ここで具体的に確かめたことは，落下開始時・落下中・落下したときなど，運動中のすべての時刻で，自由落下する物体の全エネルギーの値は同じであることでした。これが'全エネルギーは保存する'ことの意味です。

😀 ポテンシャル・エネルギーが減少する分を，運動エネルギーが増加する分で補うことで，全エネルギーが一定に保たれている

のですね。運動エネルギーとポテンシャル・エネルギーの間に，こんなに美しい関係があることに驚きました。感動です。

　A君とFさんが感動したところで，実際の例でエネルギーの大きさに触れてみることにします。そのために，質量1キログラムの物体が，地上10メートルの高さから，初速ゼロで(静止状態から)自由落下するときの，その物体の全エネルギーを求めてみましょう。質量の単位をキログラム，長さの単位をメートル，時間の単位を秒にとり，質量$m=1$ kg，高さ$h=10$ m，重力加速度$g=9.8$ m/s^{2}を，それぞれ式(6.12)に代入すると，全エネルギーEは

$$E = 1\,\text{kg} \times 9.8\,\text{m/s}^2 \times 10\,\text{m} = 98\,\text{kg·m}^2/\text{s}^2 = 98\,\text{J} \tag{6.17}$$

となります。kg·m^2/s^{2}は，この単位系(質量の単位をキログラム，長さの単位をメートル，時間の単位を秒とする単位系)でのエネルギーの単位です。式(6.17)の右辺に記された記号J(ジュールと読む)は，エネルギーの簡略化された単位です(1 kg·m^2/s$^2=1$ J)。

　全エネルギーが98Jであるといっても，それがどの程度の大きさであるかはなかなかわかりにくいですね。物体のもつこの力学エネルギーを，適当な装置を利用して熱エネルギーに変換したとき(例えば，電気エネルギーに変え，電熱器で熱エネルギーに変える)，98Jは0℃の水1グラムを，23℃まで暖めるのに必要な熱エネルギーにほぼ匹敵します。これで，自由落下する物体のもつエネルギーの大きさに関して，おおよその感じがつかめたものと思います。

● 斜め上方に投げ上げられた物体の運動

　野球の試合中に，投手が投げたボールを，強打者が斜め上方に打ち返すことがあります。このボールの運動を調べてみましょう。打者の打ったボールは，センター方向に向かってグラウンドに対して角度θで打ち上げられたものとします。考察を簡単にするために，ここでは空気の摩擦は考えないことにすると，ボールには地球の引力だけが作用します。

この運動を調べるための基準系として，ホームベースを原点とし，ホームベースからセンターに向かう軸をy軸，グラウンドから上向きに向かう軸をz軸とする直交座標系をとります．ボールの質量をmで表すと，このボールの運動方程式は

y方向（y方向に力は働かない）： $ma_y(t) = 0$ (6.18)

z方向（z方向には下向きに地球の重力mgが作用する）

$: ma_z(t) = -mg$ (6.19)

となります．

H君，ボールがバットで打ち返された瞬間のボールの速さをv_0，バットにボールがあたったときのグラウンドからの高さをhとしたとき，ボールのy軸方向への運動を調べてください．

式(6.18)からわかるように，ボールにはy軸方向の力は働いていないので，この方向の運動は等速運動となります．また，ボールはグラウンド面に対して角度θで打ち出されたので，y軸方向（グラウンド面と平行な方向）の初めの速さは$v_0 \cos\theta$だと思います．打たれたときから測りだした時間をtとしたとき，ボールの位置$y(t)$とy方向の速さ$v_y(t)$は

$$y(t) = v_0 \cos\theta \cdot t \quad (6.20)$$
$$v_y(t) = v_0 \cos\theta \quad (6.21)$$

で表されます．

そうですね．では次に，A君，ボールのz方向への運動を調べてください．

式(6.19)が示すように，ボールにはz軸の負の方向に一定の加速度$(-g)$が作用するので，z軸方向の運動は等加速度運動です．ボールが打ち出されたときの高さはhで，打ち出されたときのz方向の速さは$v_0 \sin\theta$なので，時刻tにおけるz軸方向のボールの位置$z(t)$と速さ$v_z(t)$は，それぞれ

第6章 いろいろな運動の例

6-1 落体の運動

$$z(t) = h + v_0 \sin\theta \cdot t - \frac{g}{2}t^2 \tag{6.22}$$

$$v_z(t) = v_0 \sin\theta - gt \tag{6.23}$$

で表されます。

図6-2 打ち返されたボールが描く軌道

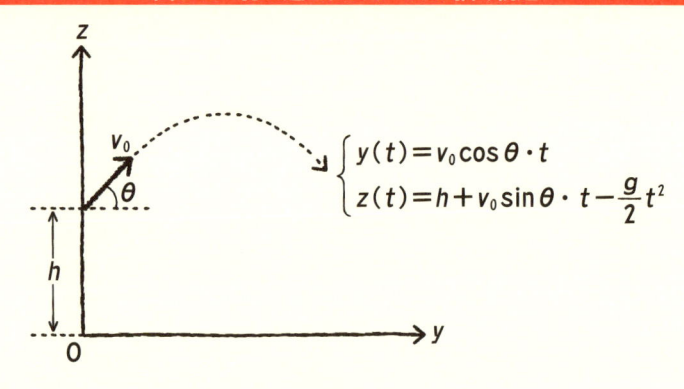

$$\begin{cases} y(t) = v_0 \cos\theta \cdot t \\ z(t) = h + v_0 \sin\theta \cdot t - \frac{g}{2}t^2 \end{cases}$$

🧑‍🦰 H君とA君が求めた式を見ると、バットで打ち返されたボールは、高さhのところから斜め上方に動き始めて、ある高さまで上昇した後、今度は下降してくるようですが、このときのボールの描く曲線を知りたいですね。Fさん、曲線はどうなりますか？

👩 ボールが動くことで描かれる曲線の式は、$z(t)$と$y(t)$の関係を調べればわかるので、式(6.20)と式(6.22)から時間の変数tを消去すれば求められます。そのためには、まず式(6.20)からtを求めて、それを式(6.22)に代入すると……。式が少し長くなるので、途中を省略してまとめ直したものは

$$z(t) = Ay^2(t) + By(t) + h = A\left(y(t) + \frac{B}{2A}\right)^2 + \left(h - \frac{B^2}{4A}\right) \tag{6.24}$$

と書けます。係数AとBは、それぞれ

$$A = -\frac{g}{2v_0^2 \cos^2\theta}, \quad B = \tan\theta \tag{6.25}$$

を表しています。これがボールの描く曲線です。

長い計算をよく頑張りました。Fさんが求めてくれた曲線を図に描いてみましょう（**図6-3**）。これが球場で見る打球の曲線です。図の曲線をみると、打ち返されたボールは、$y=0$（打者のところ）での高さhから次第に上昇し、バッターボックスからの距離が

$$y = -\frac{B}{2A} = \frac{v_0^2}{2g}\sin 2\theta \tag{6.26}$$

で、最高点

$$z = h - \frac{B^2}{4A} = h + \frac{v_0^2}{2g}\sin^2\theta \tag{6.27}$$

に到達したあと、yがさらに大きくなるとだんだん下降してくることがわかります。このときボールの落下点がどこになるかは大きな問題ですね。内野フライに終わるか、それともホームランになるかでは、ゲームの行方が大きく違ってきそうです……。

図6-3　打球の軌道

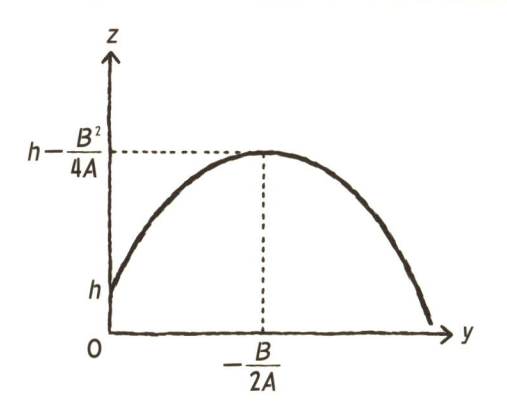

式(6.24)で表された打球が描く曲線を**放物線**とよびます。ここでは打球を例にとりましたが、地上で斜め上方に投げ上げられた物体は、打球と同じように放物線を描きます。一般に、物体の運動が描く曲線を、その物体の**軌道**とよびます。式(6.24)の放物線の形は、係数A, B, hで決まりますので、これらの係数を放物線軌道の**軌道要素**といいます。

6-2 バネにつり下げられた物体の運動

物体に作用する力が変化する場合の運動の例として、バネにつり下げられた物体の上下運動を考えてみます。長さl_0のバネの片方を天井に固定し、バネのもう一方に質量mの物体をつるしたところ、バネが伸びて天井から物体までの長さがlになったところでつり合いがとれ、物体はそのまま静止しました。

物体をつるしたことでバネが伸びたのは、地球の重力が物体を下向きに引っ張ったためです。また、バネの長さがl_0からlに伸びたところで、物体が静止したのはバネの縮もうとする力が物体に上向きに作用して、それが地球の重力と打ち消しあった結果です。このとき、物体を下向きに引っ張って、つり合いの位置よりも少しだけ下げたところで手離すと、物体は上下運動を始めます。

この運動を調べるために、まず基準系を定めます。物体は上下に動くだけですから、これは1次元の運動です。つり合いの位置から垂直上向きにx軸をとり、その原点はつり合いの位置と一致するものとします。この座標系で観測したとき、物体の位置が原点$x=0$にあるとき、バネの力と地球の重力がつり合うことになります。物体に作用する地球の重力は、物体が原点よりも上にあっても、または下にあっても変化せず、その大きさは一定です。一方、バネの力は伸びた長さに比例しますので、物体が原点よりも下にあるときは、つり合いの力よりも大きな力が作用し、原点よりも上にあるときはつり合いの力よりも小さな力が働きます。このため、物体の位置が原点からずれるときは、重力とバネの力のつり合いが壊れることになり、結果として原点よりも下にあるときは上向きの合力(バネの力と重力を足したもの)が、逆に上にあるときは下向きの合力が物体に作用し、その大きさは原点から物体までの距離に比例します。

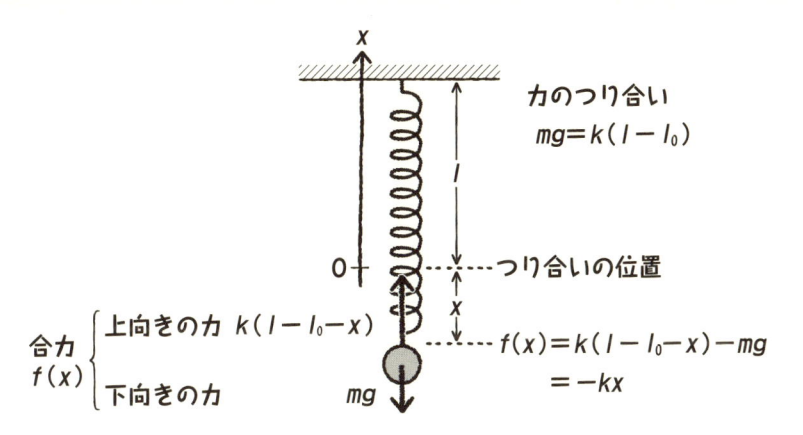

図6-4 バネにつり下げられた物体に働く力

力のつり合い
$mg = k(l - l_0)$

つり合いの位置

合力 $f(x)$
- 上向きの力 $k(l - l_0 - x)$
- 下向きの力 mg

$f(x) = k(l - l_0 - x) - mg$
$= -kx$

物体に作用する合力を$f(x(t))$で表すと，$f(x(t)) = -kx(t)$となります。したがって，物体の上下運動の運動方程式は

$$ma(t) = m\frac{d^2 x(t)}{dt^2} = -kx(t) \tag{6.28}$$

です。ここで，mは物体の質量，kはバネ係数（バネの力の強さを表す係数で，その次元は$[\mathrm{M}/\mathrm{T}^2]$）です。以下で，この方程式の解を求めることにします。

少しあとの物体の位置を求める

バネにつり下げられた物体に働く合力$f = -kx(t)$は，位置$x(t)$の関数でした。$x(t)$は時間の関数ですから，この運動は力の大きさが変化する運動になります。力が変化する運動について，時刻t_0から少しあとの時刻$t_0 + \Delta t$における物体の位置$x(t_0 + \Delta t)$は，式(4.30)で表されました。この式に，$f = -kx(t)$を代入すると

$$x(t_0 + \Delta t) = x(t_0) + v(t_0)\Delta t + \frac{1}{2!}\frac{-k(\Delta t)^2}{m}x(t_0) + \frac{1}{3!}\frac{-k(\Delta t)^3}{m}\frac{dx(t_0)}{dt}$$

$$+ \frac{1}{4!}\frac{-k(\Delta t)^4}{m}\frac{d^2 x(t_0)}{dt^2} + \cdots \tag{6.29}$$

第6章 いろいろな運動の例

6-2 バネにつり下げられた物体の運動

となります。

　先生が黒板に式をここまで書いたとき，Fさんが突然手を挙げて質問しました。

🧑‍🦰 先生，'…'はその式がまだまだ続くことを意味するのですよね。それをどこまでも計算するのですか。

👨‍🏫 Fさんが心配するように，全部計算するのは大変ですね。でも少し頭を使うと，その必要がないことがわかりますよ。

🧑‍🦰 ……？

👨‍🏫 この式の右辺第4項目の$\frac{dx(t_0)}{dt}$は，$x(t)$をtで微分して，そのあとで$t=t_0$とおいたものだから，それは$v(t_0)$です。

🧑‍🦰 そうか，同じように考えると，第5項目の$\frac{d^2x(t_0)}{dt^2}$は，式(6.28)を用いると，$-\frac{k}{m}x(t_0)$ですね。これらを代入すると，式(6.29)は

$$x(t_0+\Delta t)=x(t_0)+v(t_0)\Delta t+\frac{1}{2!}\frac{-k(\Delta t)^2}{m}x(t_0)+\frac{1}{3!}\frac{-k(\Delta t)^2}{m}v(t_0)\Delta t$$

$$+\frac{1}{4!}\frac{(-k)^2(\Delta t)^4}{m^2}x(t_0)+\cdots \qquad (6.30)$$

と書き直すことができますが……。えーと，これからは……。

👨‍🏫 ここで，Fさんの書いた式を詳しく見てみましょう。右辺の第1項，第3項，第5項は，$x(t_0)$に比例する項ですね。また，第2項と第4項は，$v(t_0)\Delta t$に比例する項です。

🧑 先生のお話から示唆されることは，右辺の奇数番目の項は$x(t_0)$に比例し，偶数番目の項は$v(t_0)\Delta t$に比例しているということですね。それを頭に入れて，式(6.30)を変形すると

$$x(t_0+\Delta t)=x(t_0)\left\{1+\frac{1}{2!}\frac{-k(\Delta t)^2}{m}+\frac{1}{4!}\frac{(-k)^2(\Delta t)^4}{m^2}+\cdots\right\}$$

$$+v(t_0)\Delta t\left\{1+\frac{1}{3!}\frac{-k(\Delta t)^2}{m}+\cdots\right\} \qquad (6.31)$$

とまとめ直すことができます。ここまではわかりましたが，これ以降の項についても，奇数番目の項は$x(t_0)$に，偶数番目の項は$v(t_0)$に比例するといえるのですか。

🧑‍🦳 次は第6番目の項ですが，この項は前にかかる係数のことを別にすれば，第5番目の項の$x(t)$をtで微分して，$t=t_0$とおけば得られます。$x(t)$を微分したものは$v(t)$ですから，第6番目の項は$v(t_0)$に比例することになります。次に第7番目の項ですが，ここでも係数は別にすると，第6番目の項の$v(t)$を微分して得られます。$v(t)$をtで微分したものは加速度$a(t)$ですが，運動方程式(6.28)を使うと，$a(t_0)=-\frac{k}{m}x(t_0)$となります。このことから，第7番目の項は$x(t_0)$に比例すること，またそのとき係数に$-\frac{k}{m}$が新たにかかることがわかります。これが次々と繰り返されるので，奇数番目の項は$x(t_0)$に，偶数番目の項は$v(t_0)$に比例することが理解できるでしょう。

👩 先生がおっしゃった'頭を使え'の意味がよくわかりました。推理小説を聞いているような気がしました……(笑)。

🧑‍🦳 さらに頭を使って推理を進めると(笑)，$x(t_0)$と$v(t_0)$の前にかかる係数も計算できるので，式(6.31)の残りの項を次々と求めることが可能となります。

👦 頭を使うと(笑)，式(6.31)が，残りの項も含めて求められることがわかりました。各項の間に面白い関係があるのですね。だけど，すべての項を書き下すのはやはり大変そうですね。

🧑‍🦳 すべての項を書き下すことを考える前に，右辺の項に現れる量$\frac{k}{m}$の次元を調べてみましょう。kの次元は$[\mathrm{M}/\mathrm{T}^2]$だったので，$\frac{k}{m}$の次元は$[1/\mathrm{T}^2]$です。ここで，記号の簡単化のために，$\sqrt{\frac{k}{m}}$をギリシャ文字$\omega$(オメガという)で表すことにします。$\omega$を**角振動数**と呼びます。その次元は$[1/\mathrm{T}]$なので，$\omega$と$\Delta t$の積$\omega \Delta t$は無次元量(次元のない量)となります。さて，新しく導入されたωは，式

第6章 いろいろな運動の例

6-2 バネにつり下げられた物体の運動

(6.31)の右辺の{ }内では，すべて$\omega\Delta t$の2乗，4乗，…という形でのみ，現れていることに気がつきましたか。

そう言われれば確かにそうですね。ωを用いて，式(6.31)の右辺{ }内を書き直すと

$$x(t_0+\Delta t) = x(t_0)\left\{1 - \frac{1}{2!}(\omega\Delta t)^2 + \frac{1}{4!}(\omega\Delta t)^4 + \cdots\right\}$$

$$+ v(t_0)\Delta t\left\{1 - \frac{1}{3!}(\omega\Delta t)^2 + \cdots\right\} \quad (6.32)$$

と変形できました。

ついでに，右辺第2行の{ }の外にあるΔtを$\frac{\omega\Delta t}{\omega}$と置き直すと，式(6.32)の右辺はさらに書き直すことができて

$$x(t_0+\Delta t) = x(t_0)\left\{1 - \frac{1}{2!}(\omega\Delta t)^2 + \frac{1}{4!}(\omega\Delta t)^4 + \cdots\right\}$$

$$+ \frac{v(t_0)}{\omega}\left\{\omega\Delta t - \frac{1}{3!}(\omega\Delta t)^3 + \cdots\right\} \quad (6.33)$$

となります。先に進む前に，ここで右辺の各項の次元を確かめておきましょう。A君，右辺の次元は？

既に先生から教えられたことですが，$\omega\Delta t$は無次元量なので，それの2乗，3乗，4乗，…で表されている{ }の中は，すべて無次元の項の和となります。また，ωの次元は[1／T]だったので，$\frac{v(t_0)}{\omega}$は長さの次元[L]となり，右辺の各項はすべて長さの次元をもっています。

そうですね，右辺には，どこまでも続くたくさんの項がありますが，これらがすべて同じ次元をもっていること，そしてその次元が左辺と同じであること，これはとても重要なことです。もう一つ重要なことに，ωとΔtはそれぞれ次元をもっているにもかかわらず，$\omega\Delta t$が無次元量になることです。その結果として，$\omega\Delta t$のいろいろなべき乗の項の和からなる右辺の2つの{ }の中が，数式として意味をもちます。

🧑‍🦰 そうか，$\omega\Delta t$ が次元をもっていたら，その2乗の項と3乗の項を加えることは，意味がなくなりますね。次元って，思った以上に重要なんですね。

👨‍🏫 さて，ここで右辺にある2つの{ }の中の式に注目しましょう。付録(169ページ)にあげてある三角関数のテイラー展開と比較すると，これらの長い式は，それぞれ

$$\cos(\omega\Delta t) = 1 - \frac{1}{2!}(\omega\Delta t)^2 + \frac{1}{4!}(\omega\Delta t)^4 + \cdots \tag{6.34}$$

$$\sin(\omega\Delta t) = \omega\Delta t - \frac{1}{3!}(\omega\Delta t)^3 + \cdots \tag{6.35}$$

となり，三角関数の $\cos(\omega\Delta t)$ と $\sin(\omega\Delta t)$ とで表されることがわかるでしょう。

🧑‍🦰 (付録の式と見比べながら)本当だ……。ということは，式(6.33)は

$$x(t_0+\Delta t) = x(t_0)\cos(\omega\Delta t) + \frac{v(t_0)}{\omega}\sin(\omega\Delta t) \tag{6.36}$$

となり，簡単な式にまとめられますね。驚きました！

🧑 あんなに長い式が，こんなにきれいな式にまとめられるのか……。また感動です！

👨‍🏫 感動したところで，もう少し話を進めましょう。式(6.36)は，時刻 t_0 より少しあとの時刻 $t_0+\Delta t$ における物体の位置を表したものでしたね。しかし，$x(t_0+\Delta t)$ が式(6.33)のままでなく，$\omega\Delta t$ の三角関数で表される式にまとめられたことで，式(6.36)は Δt が必ずしも小さくない場合にも使えることを確かめることができます。この結果，式(6.36)で $t = t_0+\Delta t$ とおけば

$$x(t) = x(t_0)\cos\{\omega(t-t_0)\} + \frac{v(t_0)}{\omega}\sin\{\omega(t-t_0)\} \tag{6.37}$$

となり，任意の時刻 $t(\geq t_0)$ に対する運動方程式(6.28)の解 $x(t)$ が求められます。

第6章 いろいろな運動の例

🔴 バネにつり下げられた物体の運動

運動方程式の解が，式(6.37)で表されることはわかりましたが，この式には$x(t_0)$と$v(t_0)$が決まらないままで残っています。このままでは，バネにつり下げられた物体の実際の運動はわからないような気がしますが……。

そうでしたね。運動方程式(6.28)からわかることは，$x(t)$が式(6.37)で表されることまでです。バネにつり下げられた物体が，実際にどのような運動をするかを知るためには，もとに戻ってその物体がどのような状況から運動を始めたのかを思い出してみることが必要となります。A君，この物体が運動を始めたときの様子を説明してください。

バネにつり下げられた物体は，つり合いの位置よりも少し引き下げられ，そこで静かに手離されました。これが運動を始めたときの状況です。

式(6.37)のまだ決まっていない係数，$x(t_0)$と$v(t_0)$を決めるために，もう少し状況を具体的に示すことにしましょう。まず，時刻tに関しては，話を簡単化するために，物体を手離したときから時間を測ることにします。このとき，最初の時刻を表すt_0は$t_0=0$となります。次に，つり合いの位置から手離された位置までの距離をAとします。また，静かに手離されたのですから，初めの速さはゼロです。これが，物体が運動を始めるときの位置と速さですが，このことから$x(t_0)$と$v(t_0)$を決めてください。

物体の初めの位置は$-A$なので，$x(t_0)=-A$であり，物体は静止状態から運動を始めたので，$v(t_0)=0$です。これらを式(6.37)に代入し，$t_0=0$とおくと，任意の時刻tにおける物体の位置は

$$x(t)=-A\cos(\omega t) \qquad (6.38)$$

となります。

🧑 Fさんの求めた解をグラフに描いてみます(**図6-5**)。(グラフを見ながら)グラフが示すように,この物体はつり合いの位置からAだけ下がったところから上昇を始め,時刻$t=\dfrac{\pi}{2\omega}$でつり合いの位置に戻ります。その後,さらに上昇し時刻$t=\dfrac{\pi}{\omega}$で最高点(つり合いの位置からAだけ登ったところ)に到達し,その後下降し始めて,時刻$t=\dfrac{2\pi}{\omega}$で最初の位置に戻ることがわかります。それ以降は同じ上下運動を繰り返します。

図6-5　バネにつり下げられた物体の運動

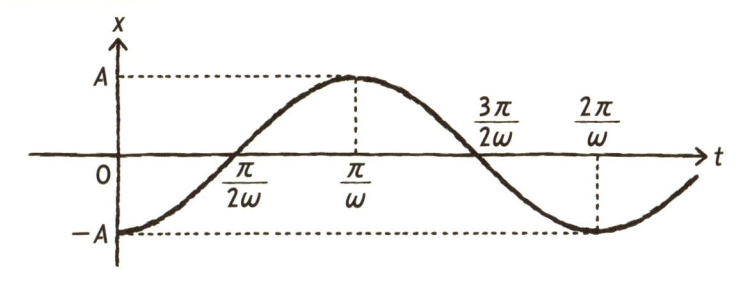

A君が説明したように,バネにつるされたこの物体は,一定の振れ幅Aと,決まった時間間隔$T=\dfrac{2\pi}{\omega}=2\pi\sqrt{\dfrac{m}{k}}$で,規則正しく上下方向に往復運動を繰り返します。このように,一定の振れ幅と同じ時間間隔で規則正しく往復する運動を,**単振動**とよびます。振れ幅Aを単振動の**振幅**,時間間隔Tを**周期**とよびます。周期Tは1往復するのに要する時間を表します。また,周期の逆数$\dfrac{1}{T}=\dfrac{\omega}{2\pi}$は,単位時間(例えば1秒間)に何回振動するかを表す物理量で,これを単振動の**振動数**といいます。この物体の単振動の周期は,物体の質量mと,バネ係数kの比で決まり,振幅Aには無関係です。

単振動のエネルギー

次に単振動する物体のエネルギーについて考えてみます。時刻 t_0 と $t_0+\Delta t$ の間に、物体に作用する力がなした仕事量 $\Delta W(t_0)$ は

$$\Delta W(t_0) = \bar{f}(t_0) \Delta x(t_0) \tag{6.39}$$

で与えられましたね。ここで、$\bar{f}(t_0)$ は、時刻 t_0 と時刻 $t_0+\Delta t$ 間の平均の力です。Fさん、バネにつり下げられた物体に作用する力の場合、平均の力はどのようになりますか。

この物体には、地球の重力とバネの力が作用していますが、その合力は $-kx(t)$ で与えられました。だから、時刻 t_0 と時刻 $t_0+\Delta t$ 間の平均の力は

$$\bar{f}(t_0) = \frac{1}{2}\{(-kx(t_0)) + (-kx(t_0+\Delta t))\} \tag{6.40}$$

です。

この間の移動距離 $\Delta x(t_0)$ は

$$\Delta x(t_0) = x(t_0+\Delta t) - x(t_0) \tag{6.41}$$

なので、これらを式(6.39)に代入すると

$$\Delta W(t_0) = \frac{1}{2}\{(-kx(t_0)) + (-kx(t_0+\Delta t))\}\{x(t_0+\Delta t) - x(t_0)\}$$

$$= -\frac{k}{2}\{(x(t_0+\Delta t))^2 - (x(t_0))^2\} \tag{6.42}$$

となります。

そうですね。単振動する物体になされた仕事量 $\Delta W(t_0)$ は、式(6.42)で与えられます。ところで、この式をよく見ると、その右辺は

$$\Delta W(t_0) = -V(x(t_0+\Delta t)) + V(x(t_0)) \tag{6.43}$$

の形をしていることがわかるでしょう。ここで、$V(x)$ は

$$V(x) = \frac{k}{2}x^2 \tag{6.44}$$

です。

確かにそうですね。ということは，いま導入された$V(x(t))$は，単振動のポテンシャル・エネルギーを表しているのですね。

そうです，まさにその通りです。さらに，力のなした仕事量は，物体の運動エネルギーの変化量に等しいことを思い出してください。このことから，次の関係

$$\frac{m}{2}v^2(t_0+\Delta t) - \frac{m}{2}v^2(t_0) = -V(x(t_0+\Delta t)) + V(x(t_0)) \quad (6.45)$$

が成り立ちます。この式は，運動エネルギーの変化は，ポテンシャル・エネルギーの変化で補われていることを意味しました。

わかりました。式(6.45)は

$$\frac{m}{2}v^2(t_0+\Delta t) + V(x(t_0+\Delta t)) = \frac{m}{2}v^2(t_0) + V(x(t_0)) \quad (6.46)$$

と書き直すことができるので，全エネルギー

$$E = \frac{m}{2}v^2(t) + V(x(t)) \quad (6.47)$$

は保存することになります。

念のため，ポテンシャル・エネルギー$V(x(t))$の次元を調べてみます。バネ係数kの次元は$[M/T^2]$ですから，$V(x)$の次元は$[ML^2/T^2]$となるので，これはエネルギーの次元と一致しています。これで$V(x)$を，ポテンシャル・エネルギーとみなせることも確かめられました。

　先生とA君・Fさんのこれまでの会話から，バネにつるされた物体が行う上下運動は，単振動であり，その全エネルギーは保存量であることがわかりました。

6-3 惑星の運動

　夜空の天体の動きは，古くから人々の興味の対象であり，その動きの規則性は大きな謎でした。ギリシャ時代には，天体の動きについての様々な考察がなされ，その結果を体系的にまとめたのがプトレマイオスです。その後17世紀になって，位置の変化が大きい惑星の観測データを調べたケプラーは，惑星の運動について

> 第1法則：各惑星は，太陽を一つの焦点とする楕円軌道を描く。
> 第2法則：面積速度は，各惑星ごとに一定である。
> 第3法則：惑星の公転周期の2乗は，その惑星の公転軌道半径の3乗に比例する。

が成り立つことを発見しました。これを惑星の運動に関する**ケプラーの3法則**とよびます。

　第1法則は，惑星の軌道について楕円軌道という新しい概念を導入し，それまでの円軌道を基礎にした考え方を大きく変革しました。第2法則は，楕円軌道上を移動するときの惑星の移動の速さに規則性があることを述べたものです。第3法則は，太陽系の各惑星がそれぞれ楕円軌道を描いて太陽を周回するとき，それらの軌道半径と公転周期の関係には共通のルールがあることを明らかにしたものです。

　ケプラーの法則は惑星の運動を理解する上で大きな成果を挙げましたが，ケプラー自身は「惑星がなぜこの法則に従って運動するのだろうか？」という興味深い問いに関する回答はもっていませんでした。ニュートン力学が天体の運動にも適用できることを示し，この謎に回答を与えたのがニュートンです。ニュートンは，力学に関する3つの法則（ニュートン力学の3法則）と，天体間には重力が作用することを用いて，惑星の運動においてケプラーの3つの法則が成り立つことを示しました。これは，

ニュートン力学の有効性を示すと同時に，天体の運動に関しても力学の法則が適用可能であることを明らかにしたことになります。

ここでは惑星の運動について調べてみます。

惑星に作用する力

惑星と太陽の間には重力が作用します。重力はすべての物体間で作用しますので，惑星と他の天体との間にも重力が働くことになります。この点を頭において，ある惑星（例えば地球）の運動を調べてみることにします。

物体の運動を考察するためには，まず**基準系**を設定しなければなりません。天体の位置を表す基準系としては，地球を基準にとる座標系，太陽を基準にとる座標系，あるいは他の天体を基準にとる座標系など，様々な可能性があります。ここでは，特定の基準系を決めないで，いろいろな可能性の中から，ある基準系を選んだことにします。このとき，考察の対象惑星の位置座標を$\vec{r}_P$，太陽の位置座標を$\vec{r}_S$で表します（Pは惑星を表す英単語Planetの頭文字，Sは太陽を表す英単語Sunの頭文字です）。

惑星に作用する太陽の重力を$\vec{f}_S$，惑星が太陽に及ぼす重力を$\vec{f}_P$とすると，惑星と太陽の運動方程式はそれぞれ

$$m_P \vec{a}_P = m_P \frac{d^2 \vec{r}_P}{dt^2} = \vec{f}_S + \vec{f}_P' \tag{6.48}$$

$$m_S \vec{a}_S = m_S \frac{d^2 \vec{r}_S}{dt^2} = \vec{f}_P + \vec{f}_S' \tag{6.49}$$

となります。m_P，m_Sは，それぞれ惑星と太陽の質量です。また，$\vec{f}_P'$は惑星に作用する他の天体（太陽を除く）からの重力であり，$\vec{f}_S'$は太陽に作用する他の天体（考察対象の惑星以外の天体）からの重力です。また，作用・反作用の法則により，$\vec{f}_S$と$\vec{f}_P$は$\vec{f}_S = -\vec{f}_P$の関係を満たします。ここで，式(6.48)で取り上げられている惑星の運動方程式は，特定の惑星に対してだけ成り立つ式ではなく，太陽系内の任意の惑星について成り立つ運動方程式であることに注意しましょう。

講義がここまで進んだところで，H君が手を挙げて質問しました。

🧑 先生，惑星の運動を調べるのに，惑星の運動方程式だけでなく，なぜ太陽の運動方程式も書いたのですか？

👨‍🏫 もっともな質問です。惑星の運動方程式だけでなく，太陽の運動方程式(6.49)も書かれていることを不思議に思う人もいるかも知れませんね。

👩 私も不思議だなーと思っていたところです……。

👨‍🏫 その理由をみるために，第1章で作用・反作用の話をしたところに戻ってみましょう。そこでは，地球の重力を受けて落下する物体の運動について述べましたね。その場合，物体が地球に落下するのは地球を基準にした座標系で考えたときであり，逆に物体を基準にとれば物体の重力を受けて地球が物体に近づくことになりました。これが，作用・反作用の意味するところでした。

🧑 その話は覚えています。発想の転換の重要性を教えられたところで，強く印象に残っています。そのことが，今の話に関係するのですか。

👨‍🏫 関係するのですよ(笑)。地球と物体の場合と同様に，太陽と惑星の場合にも同じことが起きます。太陽の重力を受けて惑星が運動する場合，その反作用として太陽は惑星の重力を受けて運動することになります。現段階では，基準系を決めてありませんので，太陽と惑星の双方に対する運動方程式を同等に扱う必要があります。これが，式(6.49)も記載されている理由です。

👩 太陽に対する運動方程式も考える必要があることはわかりました。それにしても，2つの方程式を取り扱う必要があるだけでなく，他の天体からの力も考えなくてはいけないのですね。これは大変だ……。頭が痛くなりそうです(笑)。

👨‍🏫 頭痛は困りますね(笑)！　Fさんだけでなく，式(6.48)と式(6.49)は，このままでは誰も厳密な解を求められないのですよ。

🧑 それでは，これらの式は意味がないのではないですか。

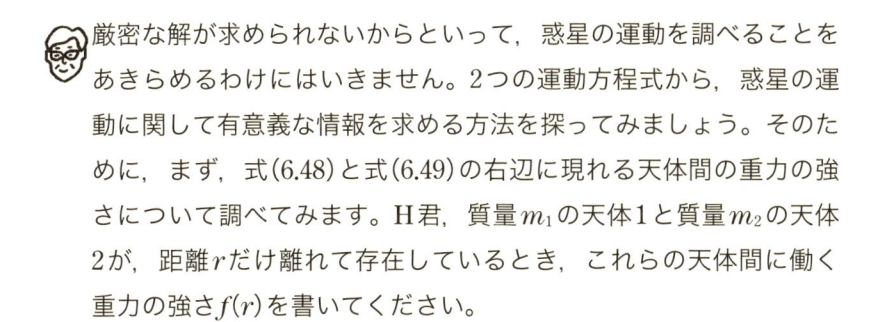

🧓 厳密な解が求められないからといって，惑星の運動を調べることをあきらめるわけにはいきません．2つの運動方程式から，惑星の運動に関して有意義な情報を求める方法を探ってみましょう．そのために，まず，式(6.48)と式(6.49)の右辺に現れる天体間の重力の強さについて調べてみます．H君，質量m_1の天体1と質量m_2の天体2が，距離rだけ離れて存在しているとき，これらの天体間に働く重力の強さ$f(r)$を書いてください．

🧑 天体間の重力の大きさは，各々の天体の質量の積に比例し，それらの天体間の距離の2乗に反比例したので，2つの天体間に働く力の強さ$f(r)$は

$$f(r) = G\frac{m_1 m_2}{r^2} \tag{6.50}$$

となります．ここでGは万有引力定数です．この式からわかるように，天体間の距離が大きくなれば重力は小さくなります．一方，同じ距離の場合でも，2つの天体の質量が大きくなれば，それらの天体間の重力は大きくなります．

🧓 H君が説明してくれたように，重力の強さは，天体間の距離と天体の質量によって違ってきます．式(6.48)と式(6.49)の右辺には，目的の惑星と太陽間の重力，およびその他の様々な天体間との重力が現れていますが，惑星が太陽の周りを周回していることから，太陽と惑星間の重力が惑星の運動に最も大きな影響を及ぼしていると推測できます．もし，この推測が正しければ，惑星の運動を調べるにあたって，まず太陽とその惑星間の重力に注目し，第1近似としてその他の天体との重力は無視して考えることができるでしょう．このようにして惑星の運動を調べたあと，次の段階として他の天体からの力の影響を調べる手順がとれることになります．

地球と天体間の重力の大きさの比—例—

惑星の運動を調べるために，いま述べたような解析法が使えるか否かを検証することにします。ここでは，地球を例にとって，地球に作用する他の天体からの重力の大きさを評価します。Fさん，太陽と地球間の重力の強さと，地球に最も近い他の天体である月と地球間の重力の強さの比を求めてください。

太陽と地球間の重力の大きさを f_{SE} とし，地球と月の間の重力の大きさを f_{EL} としたとき，式(6.50)を用いると，その強さの比 $\dfrac{f_{SE}}{f_{EL}}$ は

$$\frac{f_{SE}}{f_{EL}} = \left(G\frac{m_S m_E}{r_{SE}^2}\right) \bigg/ \left(G\frac{m_E m_L}{r_{EL}^2}\right) = \left(\frac{m_S}{m_L}\right)\left(\frac{r_{EL}}{r_{SE}}\right)^2 \approx 410 \quad (6.51)$$

となります。ここで，m_L は月の質量，r_{SE} は太陽と地球の平均距離，r_{EL} は地球と月の平均距離です。

Fさんに計算してもらった結果から，地球に最も近い天体である月と地球間の重力に比べて，月よりもずっと遠くにある太陽と地球間の重力が，400倍以上も強いことがわかりました。その理由は，太陽の質量が月の質量に比べて約3千万倍も大きいためです。では次に，H君，地球と太陽間の重力と，地球に最も近い他の惑星である金星との重力の強さの比を調べてください。

地球と金星は，ともに太陽の周りをまわっていますので，地球から見た金星までの距離は，地球と金星が太陽に対して同じ側にあるときと反対側にあるときでは大きく異なります。そこで，金星が地球に最も近づいたとき（地球と金星間の重力が最も大きくなったとき）を考え，そのときの地球・金星間の重力の大きさを f_{EM} として，比 $\dfrac{f_{SE}}{f_{EM}}$ を求めると

$$\frac{f_{SE}}{f_{EM}} = \left(\frac{m_S}{m_M}\right)\left(\frac{r_{EM}}{r_{SE}}\right)^2 \approx 34{,}000 \quad (6.52)$$

となります。金星と地球間の重力が最も大きくなったときでも，太

陽と地球間の重力がそれよりも3万倍以上も大きいことがわかりました。

> Fさん，H君，ありがとう。同様にして，火星・木星等からの重力も，太陽からの重力に比べて非常に小さいことがわかります。ここでは，地球を例にとって式(6.48)の右辺に現れる力の大きさを評価しました。その結果，右辺第1項の太陽の重力が地球の運動に及ぼす影響が最も大きく，第2項の他の天体からの影響はそれよりもはるかに小さいことがわかりました。別の惑星の場合でも，その惑星と太陽間の重力は，他の天体からの重力に比べてはるかに大きいことがわかります。

> 先生が先ほど予想されていたこと，言い換えれば，惑星の運動に最も大きな影響を及ぼすのは，その惑星と太陽間の重力であることが確かめられたのですね。

> そうです。このことは，惑星の運動の基本的な構造が，太陽とその惑星間の引力で決まることを示しています。以下では，太陽と惑星間の重力のみを考慮して，惑星の運動を調べることにします。

実際の惑星の運動については，他の天体からの重力の影響も考慮する必要がありますが，その重力が惑星の運動に及ぼす効果は小さいので，本書ではこの問題には踏み込まないことにします。

● 重心ベクトルと相対ベクトル

惑星の運動を調べるときに，太陽以外の他の天体からの影響を無視することは，その惑星と太陽の2つの天体に考察対象を絞って，それらの2つの天体の運動を調べることになります。このような問題を**2体問題**といいます。

太陽と惑星の2体問題では，惑星と太陽の運動方程式は，それぞれ

$$m_P \vec{a}_P = m_P \frac{d^2 \vec{r}_P}{dt^2} = \vec{f}_S \tag{6.53}$$

$$m_S \vec{a_S} = m_S \frac{d^2 \vec{r_S}}{dt^2} = \vec{f_P} = -\vec{f_S} \tag{6.54}$$

となります。式(6.54)の最後の等式は，作用・反作用の法則を考慮したものです。

図6-6　太陽と惑星の2体問題

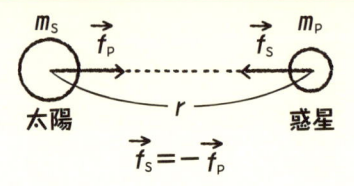

ここで，次の2種類のベクトル

$$\vec{r_G} = \frac{m_S \vec{r_S} + m_P \vec{r_P}}{m_S + m_P} \tag{6.55}$$

$$\vec{r} = \vec{r_P} - \vec{r_S} \tag{6.56}$$

を導入します。$\vec{r_G}$ は太陽と惑星からなる2体系の重心であり，$\vec{r}$ は太陽と惑星の相対的な位置を表すベクトル（太陽に対する惑星の**相対ベクトル**）です。

重心の位置座標 $\vec{r_G}$ と相対ベクトル $\vec{r}$ を使えば，惑星の位置座標 $\vec{r_P}$ と太陽の位置座標 $\vec{r_S}$ は，それぞれ

$$\vec{r_P} = \vec{r_G} + \frac{m_S}{m_S + m_P} \vec{r} \tag{6.57}$$

$$\vec{r_S} = \vec{r_G} - \frac{m_P}{m_S + m_P} \vec{r} \tag{6.58}$$

と表されます。したがって，任意の時刻 t における重心の位置ベクトル $\vec{r_G}(t)$ と相対ベクトル $\vec{r}(t)$ がわかれば，その時刻における惑星の位置ベクトル $\vec{r_P}(t)$ と太陽の位置ベクトル $\vec{r_S}(t)$ を求めることができます。

図6-7 重心座標と相対座標

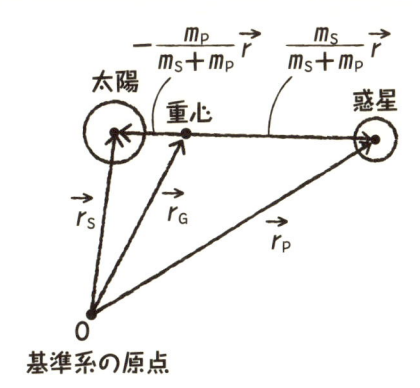

太陽 $-\dfrac{m_P}{m_S+m_P}\vec{r}$ 重心 $\dfrac{m_S}{m_S+m_P}\vec{r}$ 惑星

$\vec{r_S}$ $\vec{r_G}$ $\vec{r_P}$

O 基準系の原点

式(6.53)と式(6.54)を使えば，$\vec{r_G}$と$\vec{r}$についての次の2つの式

$$\frac{d^2\vec{r_G}}{dt^2}=\frac{1}{m_S+m_P}\left(m_S\frac{d^2\vec{r_S}}{dt^2}+m_P\frac{d^2\vec{r_P}}{dt^2}\right)=\frac{-\vec{f_S}+\vec{f_S}}{m_S+m_P}=\vec{0} \quad (6.59)$$

$$m\frac{d^2\vec{r}}{dt^2}=\vec{f_S} \quad (6.60)$$

が導かれます。式(6.60)の左辺で導入されたmは，太陽と惑星の**換算質量**とよばれ，太陽質量m_Sと惑星の質量m_Pを用いて，$m=\dfrac{m_S m_P}{m_S+m_P}$で表されます。

任意の時刻tにおける$\vec{r_G}(t)$と$\vec{r}(t)$を求めるために，これらの2つの方程式を調べます。式(6.59)から，重心の加速度はゼロであることがわかります。したがって，重心の運動は次の式で表される等速直線運動となります。

$$\vec{r_G}(t)=\vec{r_G}(t_0)+\vec{v_G}(t-t_0) \quad (6.61)$$

ここで，$\vec{r_G}(t_0)$は時刻t_0における重心の位置座標，$\vec{v_G}$は重心の速度ベクトル（一定）です。$\vec{v_G}$は，惑星と太陽の重心の動く速度を表すものですが，太陽系のなかで惑星がどのような運動をするかを調べるときには，この速度$\vec{v_G}$をゼロにとることができます。このとき重心の位置$\vec{r_G}(t)$は

$$\vec{r_G}(t)=\vec{r_G}(t_0)=(定数) \quad (6.62)$$

となります。これで任意の時刻tにおける重心の位置座標$\vec{r}_G(t)$が求められました。時刻tにおける$\vec{r}(t)$については，以下で調べます。

● 時刻tにおける相対ベクトル$\vec{r}(t)$を求める

$\vec{r}(t)$の時間変化を決める方程式(6.60)の右辺にある$\vec{f}_S$は，惑星に作用する太陽の重力でした。その大きさは太陽と惑星間の距離rの2乗に反比例し，太陽と惑星の質量の積に比例しますので（式(6.50)参照）

$$f_S(r) = G\frac{m_S m_P}{r^2} \tag{6.63}$$

です。また，その向きは惑星を太陽の方向に引っ張ろうとする方向，すなわち太陽から惑星方向に向かうベクトル$\vec{r}$の逆方向となります。したがって，力のベクトル$\vec{f}_S(r)$は，その大きさ$f_S(r)$と$\vec{r}$とは逆向きの大きさ1のベクトル$-\dfrac{\vec{r}}{r}$の積

$$\vec{f}_S(r) = f_S(r)\left(-\frac{\vec{r}}{r}\right) = -(Gm_S m_P)\left(\frac{\vec{r}}{r^3}\right) \tag{6.64}$$

で与えられます。

式(6.64)を式(6.60)の右辺に代入すると，$\vec{r}(t)$の時間変化を決める方程式は

$$m\frac{d^2\vec{r}(t)}{dt^2} = -Gm_S m_P\left(\frac{\vec{r}}{r^3}\right) \tag{6.65}$$

となります。左辺の換算質量mに$m = \dfrac{m_S m_P}{m_S + m_P}$を代入すると，式(6.65)は

$$\frac{d^2\vec{r}(t)}{dt^2} = -G(m_S + m_P)\left(\frac{\vec{r}}{r^3}\right) \tag{6.66}$$

と書き直すことができます。これが相対ベクトル$\vec{r}(t)$の時間変化を決める方程式です。

$\vec{r}(t)$を求める計算は少し長くなりますので，以下ではこれを求める手続きは省略して（計算の詳細は170ページからの付録を参照），式(6.66)から導かれる重要な結論をまとめます。

1. $\vec{r}(t)$ は，時間が経つにつれてその方向と大きさを変えますが，それは常に一つの平面上にあること

$\vec{r}(t)$ とその時間微分 $\dfrac{d\vec{r}(t)}{dt}$ のベクトル積 $\left(\vec{r}(t) \times \dfrac{d\vec{r}(t)}{dt}\right)$ を $\vec{l}(t)$ で表すと，$\vec{l}(t)$ は時間が経過してもその方向と大きさが変化しない定ベクトルであることがわかります。$\vec{l}$ を単位質量当たりの**角運動量**とよびます。$\vec{l}$ は $\vec{r}(t)$ と $\dfrac{d\vec{r}(t)}{dt}$ に直交しますが，その向きが一定であることは，$\vec{l}$ に直交する平面が一定であり，$\vec{r}(t)$ が常にこの平面上にあることを意味します。この平面を惑星の**軌道平面**とよびます。また，$\vec{l}$ の大きさは $\vec{r}(t)$ が単位時間に動いたときに描く扇形の面積を表しますので，その大きさが一定であることはこの扇形の面積が常に同じ大きさであることを示しています（面積速度一定：ケプラーの第2法則）。

2. $\vec{r}(t)$ はこの平面で楕円を描くこと

軌道平面上に，互いに直交する2つの軸，x 軸と y 軸をとり，この平面に垂直に z 軸をとったとき，$\vec{r}(t)$ は

$$\vec{r}(t) = \begin{pmatrix} x(t) \\ y(t) \\ 0 \end{pmatrix} \tag{6.67}$$

となります。$\vec{r}(t)$ はこの平面上にありますので，平面に直交する軸の成分はもちません（その成分はゼロ）。

この座標系を用いて，式(6.66)から $x(t)$ と $y(t)$ がつくる曲線を求めると，それは次の式で表される楕円となります。

$$(x+ae)^2 + \frac{y^2}{1-e^2} = a^2 \tag{6.68}$$

a と e は楕円の形を決める量（惑星の軌道要素）であり，それぞれ a は楕円の**長半径**，$e(0 \leq e < 1)$ は**離心率**です。a が大きくなると，楕円が大きくなります。e は楕円の形の円からのずれの大きさを示します。$e=0$ のときが円であり，$e(<1)$ が大きくなるにつれて，円からのずれが大きくなります。

図6-8　楕円曲線

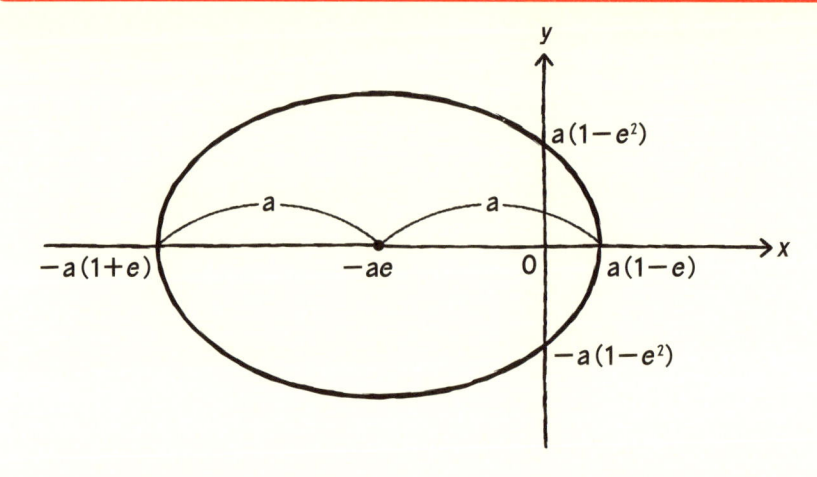

3. $x(t)$と$y(t)$の具体的な形

$x(t)$と$y(t)$の具体的な形は

$$x(t)=a(\cos\psi(t)-e), \quad y(t)=a\sqrt{1-e^2}\sin\psi(t) \tag{6.69}$$

で表されます。$\psi(t)$は，次の関係を満たすtの関数です。

$$\psi-e\sin\psi=\sqrt{\frac{G(m_S+m_P)}{a^3}}(t-t_0) \tag{6.70}$$

$\psi=0$のとき（$t=t_0$のとき），$x=a(1-e)$，$y=0$であり，$\psi=\pi$のとき，$x=-a(1+e)$，$y=0$です。それ以外の任意の時刻tにおける$x(t)$と$y(t)$は，式(6.70)を用いて$\psi(t)$を求め，それを式(6.69)に代入することで求めることができます。式(6.70)の一般的な解を求めることは不可能ですが，応用上有効な$\psi(t)$の近似解を求める方法は知られています。

4. 周期と軌道長半径の関係

$\psi(t)$が，$\psi=0$から$\psi=\pi$まで増加したとき，$r(t)$は楕円上を半周します。$r(t)$が楕円を一周するのに要する時間を**公転周期**とよび，記号Tで表すことにします。$\psi=\pi$となる時刻（楕円を半周したときの時刻）は$t=t_0+\frac{T}{2}$ですから，式(6.70)の左辺に$\psi=\pi$，右辺に$t=t_0+\frac{T}{2}$を代入して変形すると，公転周期Tと楕円の長半径aが次の関係を満たすことが示されます。

$$\frac{T^2}{a^3} = \frac{4\pi^2}{G(m_\mathrm{S}+m_\mathrm{P})} \tag{6.71}$$

5．この関係を用いると，式(6.70)は

$$\psi - e\sin\psi = \frac{2\pi}{T}(t-t_0) \tag{6.72}$$

と書き直すことができます。

　ここまで，惑星と太陽の2体系の運動について調べてきましたが，上に述べた4つの結論は太陽と惑星の系で成り立つだけではなく，互いに重力で結合した任意の2つの天体の運動についても成り立つ一般的な関係です（それぞれの式の導出については，付録を参照）。

惑星の位置と太陽の位置

　続きは，A君の質問から始めましょう。

🧑 先生，相対ベクトル $\vec{r}(t)$ が楕円軌道を描くことはわかりました。しかし，惑星の位置と太陽の位置に関しては，まだわからないのですが……。

👨‍🏫 そうかもしれませんね。惑星の位置と太陽の位置を知るには，式(6.55)と式(6.57)，式(6.58)に戻ることにして，まず式(6.55)を見てみましょう。この式は惑星と太陽の重心の位置を表したものでした。次に，式(6.57)と式(6.58)に注目しましょう。A君，これらの式からわかることは何ですか。

🧑 式(6.57)が表していることは，惑星の位置 $\vec{r}_\mathrm{P}(t)$ が，重心 $\vec{r}_\mathrm{G}(t_0)$ の位置から，$\dfrac{m_\mathrm{S}}{m_\mathrm{S}+m_\mathrm{P}}\vec{r}(t)$ だけ離れていることです。また，式(6.58)からわかることは，太陽の位置 $\vec{r}_\mathrm{S}(t)$ が，重心の位置から惑星とは逆

方向に$\frac{m_P}{m_S+m_P}\vec{r}(t)$だけ離れていることです（137ページ**図6-7**）。

🧑‍🦱 そうですね。惑星と太陽が重心を挟んで逆方向にあるのだから，言い換えれば重心は太陽と惑星の間にあることになります。それでは，重心から惑星までの距離と，重心から太陽までの距離の比はどうなりますか。

🧑 この2つの式を用いて，$\vec{r}_P-\vec{r}_G$と，$\vec{r}_S-\vec{r}_G$を求めると，それぞれ

$$\vec{r}_P-\vec{r}_G=\frac{m_S}{m_S+m_P}\vec{r} \tag{6.73}$$

$$\vec{r}_S-\vec{r}_G=-\frac{m_P}{m_S+m_P}\vec{r} \tag{6.74}$$

なので，重心から惑星までの距離と重心から太陽までの距離の比は，$\frac{m_S}{m_P}$です。

🧑‍🦱 そうです。重心は，太陽と惑星の間を$m_P:m_S$に内分するところにあります。ところで，$\vec{r}(t)$は，長半径aの楕円軌道を描きましたが，このことを考慮したとき，式(6.57)から何がわかりますか。

🧑 式(6.57)からわかることは，惑星は重心$\vec{r}_G(t_0)$を一つの焦点とする，長半径$\frac{m_S}{m_S+m_P}a$の楕円軌道を描くことです。

🧑‍🦱 惑星の描く楕円軌道の長半径が，aそのものでないことによく気がつきましたね。式(6.57)の右辺第2項は，$\vec{r}(t)$に$\frac{m_S}{m_S+m_P}$がかかっているので，実際に惑星が描く楕円軌道の長半径は$\frac{m_S}{m_S+m_P}a$となります。

🧑 さらに，式(6.58)をみると，太陽が重心$\vec{r}_G(t_0)$を焦点とし，惑星とは逆方向に，長半径$\frac{m_P}{m_S+m_P}a$の楕円軌道を描くことが導かれます。

👩 えっ，太陽も動くのですか！

🧑‍🦱 Fさんがびっくりしたようですね。

僕たちも驚いています。

3人とも相当びっくりしたようですね。しかし，太陽は確かに動いているのです。君たちの驚きを少しでも小さくするために，地球を例にとって，地球と太陽が描く楕円軌道を調べてみることにします。地球の描く楕円軌道の長半径を a_E，太陽の描く楕円軌道の長半径を a_S として，a_S と a_E の比を求めてみましょう。Fさん，$\dfrac{a_S}{a_E}$ を求めてください。

太陽軌道の長半径は $a_S = \dfrac{m_E}{m_S + m_E} a$，地球軌道の長半径は $a_E = \dfrac{m_S}{m_S + m_E} a$ だったので

$$\frac{a_S}{a_E} = \left(\frac{m_E}{m_S + m_E} a\right) \bigg/ \left(\frac{m_S}{m_S + m_E} a\right) = \frac{m_E}{m_S} \tag{6.75}$$

となります。（データ表を見ながら）この式に，$m_S = 1.99 \times 10^{30}$ kg，$m_E = 5.97 \times 10^{24}$ kg を代入すると，その比は

$$\frac{a_S}{a_E} = \frac{5.97 \times 10^{24} \text{ kg}}{1.99 \times 10^{30} \text{ kg}} \approx 3 \times 10^{-6} \tag{6.76}$$

です。ということは，太陽軌道の長半径は，地球軌道の長半径の，約100万分の3となります。地球の軌道半径に比べてとても小さいのですね。

小さいのは小さいけど，それでも小さな楕円軌道を描くことは確かです。それでは，その長半径はどれくらいの大きさかもみてみましょう。$\vec{r}$ が太陽と地球の相対ベクトルを表しましたので，$\vec{r}$ の描く楕円軌道の長半径 a は，太陽と地球の平均距離（$=1.50 \times 10^8$ km）を表します。そのことを用いて a_S を求めると

$$a_S = \frac{m_E}{m_S + m_E} a = 3 \times 10^{-6} \times 1.5 \times 10^8 \text{ km} = 450 \text{ km} \tag{6.77}$$

となります。450 km は日常的な感覚ではかなり大きな距離になりますが，太陽の半径 R_S が 6.96×10^5 km ≈ 70万 km なので，太陽が描く楕円軌道の長半径は，太陽半径の1000分の1以下になります。

第6章 いろいろな運動の例

したがって，太陽は確かに動いているのだけど，その動きはほとんど気がつかないくらいの大きさであることがわかるでしょう。

なるほど。では地球軌道の長半径 a_E はどんな大きさになるのだろうか。$a_E = \dfrac{m_S}{m_S + m_E} a$ だけど，$\dfrac{m_S}{m_S + m_E} \approx 1$ なので，$a_E \approx a$ か……。ということは，地球軌道の長半径は太陽と地球の平均距離そのものに等しいんですね。

だから，地球は楕円軌道を描いて動いているように見えるけど，太陽はほとんど動かないように見えるのですね。でもだからといって，地球は重心を焦点とする楕円軌道を描くのであって，太陽の周りを回っているということにはなりませんよね。

それを調べるために，式(6.58)を

$$\vec{r}_G = \vec{r}_S + \dfrac{m_P}{m_S + m_P} \vec{r} \tag{6.78}$$

と書き直してみます。この式は，重心の位置 $\vec{r}_G$ が太陽の中心 $\vec{r}_S$ から $\dfrac{m_P}{m_S + m_P} \vec{r}$ だけ離れていることを意味しています。先ほども話したように，r は太陽と地球の相対距離であり，その大きさは太陽と地球の平均距離なので，$\dfrac{m_P}{m_S + m_P} r \approx 450\,\mathrm{km}$ でした。そして，これは太陽半径の1000分の1よりも小さい値です。このことは，重心の位置は，ほぼ太陽中心にあるとみなすことができることを意味します。言い換えれば

$$\vec{r}_G \approx \vec{r}_S \tag{6.79}$$

とみなすことができるので，重心の位置と太陽中心の位置はほぼ一致していることになります。

わかりました。太陽の位置と重心の位置は，近似的に同じと考えてよいのですね。だから，地球は太陽を焦点とする楕円を描きながら，太陽の周りを周回していることになり，ケプラーの第1法則が導かれるのですね。

ここでは地球を例にとって、数値を入れて具体的に調べてみましたが、他の惑星の場合も同様なことが言えます。大事な点は、惑星の質量に比べて、太陽の質量が非常に大きいことです。この結果として、すべての惑星は太陽を一つの焦点とする楕円軌道を描いています（楕円には2つの焦点がありますが、そのうちの一つが太陽の位置です）。

図6-9 惑星と太陽の2体問題（質量比による軌道の違い）

惑星と太陽は、重心を焦点とする、それぞれの楕円軌道を回っている。
惑星と太陽は、つねに重心に対して互いに反対側にある。

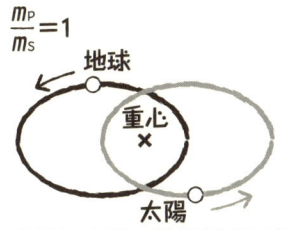

$\frac{m_P}{m_S} = 1$
地球
重心
太陽

惑星と太陽の楕円軌道は同じ大きさ・形をしている。

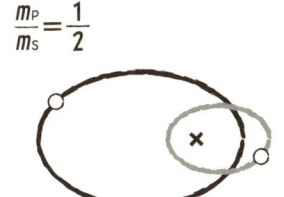

$\frac{m_P}{m_S} = \frac{1}{2}$

惑星の軌道は大きくなり、太陽の軌道は小さくなる。

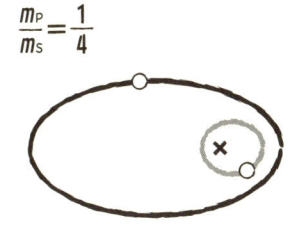

$\frac{m_P}{m_S} = \frac{1}{4}$

太陽の軌道は完全に惑星の軌道の内部に入ってしまう。

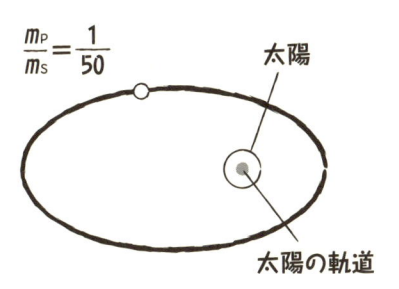

$\frac{m_P}{m_S} = \frac{1}{50}$
太陽
太陽の軌道

太陽の軌道（太陽中心の軌道）は太陽自身の中に入ってしまう。

第6章 いろいろな運動の例

ケプラーの第3法則

4人の会話は，続いてケプラーの第3法則の話題に移ります。

🧑 惑星の運動について，ケプラーの第1法則が，ニュートン力学から導かれることがわかりました。ニュートン力学を用いると第3法則が成り立つことも示すことができるのですか。

👨 式(6.71)を思い出してください。この式は，太陽系の惑星と太陽の運動に関して成り立つだけでなく，重力で結合している2つの天体の運動に関して成り立つ，一般的な関係を表していました。その意味は，楕円軌道上を動く天体の周期の2乗と軌道長半径の3乗の比が，右辺で与えられることを述べたものです。右辺の分母には，太陽と惑星の質量の和が現れているので，惑星の選び方によってその値は異なります。

🧑 確かにそうなっていますね。でもそれでは，ケプラーの第3法則'公転周期の2乗は軌道長半径の3乗に比例する'は，成り立たないのではないですか……。

👨 厳密に言えばそういうことになります。しかし，式(6.71)の右辺を

$$\frac{T^2}{a^3} = \frac{4\pi^2}{Gm_\mathrm{S}\left(1+\frac{m_\mathrm{P}}{m_\mathrm{S}}\right)} \tag{6.80}$$

と変形してみましょう。右辺の分母の $\frac{m_\mathrm{P}}{m_\mathrm{S}}$ は，地球の場合で100万分の3（木星の場合でも1000分の1以下）でしたので，1に比べて非常に小さいことがわかります。その結果として式(6.80)は

$$\frac{T^2}{a^3} = \frac{4\pi^2}{Gm_\mathrm{S}\left(1+\frac{m_\mathrm{P}}{m_\mathrm{S}}\right)} \approx \frac{4\pi^2}{Gm_\mathrm{S}} \tag{6.81}$$

と近似できます。

🧑 式(6.81)の右辺は，数値 $4\pi^2$ と万有引力定数 G および太陽質量 m_S だけで決まるので，太陽系では共通な定数ですね。だから，'惑星

の公転周期の2乗 T^2 と軌道長半径の3乗 a^3 は比例し，その比例係数は $\dfrac{4\pi^2}{Gm_\mathrm{S}}$ である'のケプラーの第3法則が成り立つのか。第3法則が成り立つことの背景にも，太陽の質量が惑星の質量に比べて桁外れに大きいことがあるとは知りませんでした。大変興味深いですね。

ケプラーの法則を超えて

👧 先生のこれまでのお話から，ケプラーの法則の背景には，惑星の質量に比べて太陽の質量が非常に大きいという太陽系の特殊事情があることがわかりました。ケプラーは，惑星の運動に関する観測データを整理して，その法則を発見したのですから，そのような事情があったとしても不思議ではないですね。それはそれで，大変興味深い事実ですが，その一方では惑星の運動に関して，ケプラーの法則からは見えてこない状況が，ニュートン力学を用いると調べることができそうだということも，先生のお話から見えてきました。

👨‍🏫 よいところに気がつきましたね。Fさんの指摘したことに進む前に，ここでケプラーの3法則をニュートン力学の観点から再考し，そのあとでケプラーの法則では見えていないことについて考えてみましょう。A君，まず第2法則について，整理してください。

👦 ニュートン力学の観点からは，第2法則は単位質量あたりの角運動量 $\vec{l}$ が一定であることで理解できました。ベクトル $\vec{l}$ の大きさは面積速度を表しますので，$\vec{l}$ が保存することはその大きさが保存すること，したがって面積速度が一定であることを意味します。これがニュートン力学から見たケプラーの第2法則です。

👨‍🏫 第2法則の説明はその通りですね。ところで，$\vec{l}$ はベクトル量でしたから，それが保存することはその大きさだけでなく，その向きも一定であることを意味しています。向きが一定であることからは，何が導かれましたか。

第6章 いろいろな運動の例

6-3 惑星の運動

🧑 $\vec{l}$ は，位置ベクトル $\vec{r}(t)$ と速度ベクトル $\vec{v}(t)$ とのベクトル積で与えられるものですから，それは2つのベクトル $\vec{r}(t)$ と $\vec{v}(t)$ が作る平面に直交しています。この平面は，時刻 t における惑星の軌道平面を表していますので，角運動量の向きが一定であることは，軌道平面の向きが一定であること，すなわち惑星は一つの平面上を動くことを示しています。ケプラーの法則では，このことは明確には述べられていませんが，軌道が平面上にあることは第1法則の前提となっているのだと思います。

👨‍🏫 H君，それでは次に第1法則について，ニュートン力学の観点から整理してください。

🧑 第1法則の前提に，惑星の軌道が平面をなすことがあることは，A君と先生のいまの説明から明らかになったと思います。さて，第1法則ですが，ニュートン力学から導かれることは，相対ベクトル $\vec{r}(t)$ が時間変化したとき，重心を一つの焦点とする楕円軌道を描くことです。ここで，惑星の質量に比べて太陽の質量が非常に大きいという太陽系の特殊事情を考慮に入れると，重心と太陽中心の位置がほぼ一致するということがわかります。その結果として，第1法則'惑星は太陽を一つの焦点とする楕円軌道を描く'が導かれました。

👨‍🏫 では最後に，Fさん，第3法則について説明してください。

👩 ニュートン力学から直接導かれることは，公転周期 T の2乗と軌道長半径 a の3乗の比が，$\dfrac{4\pi^2}{G(m_\mathrm{S}+m_\mathrm{P})}$ に等しいことです。この値は，太陽とどの惑星の2体系を考えているかで変わりますが，太陽の質量が惑星の質量に比べて非常に大きいので，その違いは近似的に無視できることになります。その結果として，$\dfrac{T^2}{a^3}$ がすべての惑星について一定の大きさ $\dfrac{4\pi^2}{Gm_\mathrm{S}}$ に等しくなること，すなわち第3法則'惑星の公転周期の2乗は軌道長半径の3乗に比例する'が導かれます。

👨‍🏫 3人ともよくできました。これで，ニュートン力学を用いれば，惑

星の運動に関するケプラーの3つの法則が，すべて導かれることがはっきりしました。ここで重要なことの一つは，第2法則を意味する$\vec{l}$の保存は，太陽と惑星間の重力が中心力であること（力が2つの物体間の距離だけの関数であること：式(6.64)参照）から導かれる結果であって，それは'惑星の質量に比べて太陽の質量が極めて大きい'という事実とは無関係に成り立つことです。もう一つの重要なことは，第1法則と第3法則は重力で結ばれた2つの天体系で成り立つ一般的な関係に，太陽と惑星間の質量の違いを考慮して導かれたものであるという点です。

力学の観点から見直してみると，ケプラーの法則の意味も再確認できるのですね。

ケプラーの法則について調べなおしたところで，次のステップとして，'ニュートン力学を用いることで，惑星の運動に関してケプラーの法則を超えて何を言えるか'を考えてみましょう。この点について，ここまでの話から気のついたことはありますか。

厳密に言えば，惑星だけでなく太陽も小さな楕円軌道を描くことです。これは，作用と反作用から導かれることですが，これまでこのようなことに関しては気がついていませんでした。新しい視点を学んだ気がします。

惑星の運動には，太陽の重力だけでなく，他の惑星や衛星からの重力も影響を及ぼしていることです。ケプラーの法則は，太陽と惑星の2体問題に限定して得られるもので，他の惑星や衛星からの影響を考慮に入れたときには，小さいけれどその影響が惑星の運動に現れてきているのではないかと思いました。それらの影響について興味が出てきました。

惑星の運動を調べる上でとても興味があるけれど，ケプラーの法則からではわからないことに，公転軌道上における任意の時刻における惑星の位置$\vec{r}_P(t)$を求めることがあります。私が理解したことは，

式(6.72)を解いて $\varphi(t)$ を求め，その結果を式(6.69)に代入することで，相対ベクトル $\vec{r}(t)$ が求められること，そしてそれを式(6.57)に代入すれば惑星の位置 $\vec{r_P}(t)$ を決めることができることです。ただ，式(6.72)は複雑な式なので，これの解き方がわかりません。$\varphi(t)$ を求めて，任意の時刻におけるいろいろな惑星の位置を知りたいな，と思います。ケプラーの法則の範囲を超えますが，惑星の位置を知るのは力学の楽しさの一つだと思うので……。

3人とも，ケプラーの法則を超えて明らかにすべきニュートン力学の課題について，明確な指摘をしてくれたことに感心し，また驚いています。君たちの指摘した課題については，ここでは取り扱いませんが，ニュートン力学を用いることでこれらの課題への取り組みが着実になされています。その成果が，地球から見たときの惑星の位置に関する正確な情報となって結実しています。これは力学の威力を示す一例と言えるでしょう。

惑星の運動に関する先生の講義はここで終わりました。

コラム　力学こぼれ話 「月はなぜ落ちないのか」

落体の運動についての講義が終わったあと，教室に残ったままのA君・Fさん・H君に，先生が話しかけました。

3人とも何か納得のいかないことがあるようだね。

今日の講義をきいていると，地上で横向きに投げられた物体は，初めのうちは上昇しますが，ある高さまで昇りつめるとその後は落下を始めて，そのうち必ず地上に落ちるのですよね。

そうだね。それがなぜ納得いかないのかな。

🧑 物体が必ず地上に落下するのは，その物体に地球の重力が下向きに働いているからでしょう。だから，人が横向きに投げたどんな物体もそのうち必ず地上に落下するのですよね。

👴 そうだよ。それがどうしましたか。

👩 月も一つの物体ですね。だから，月にも地球の重力が働いているはずなのに，月はなぜいつまでも地上に落下しないのですか。

🧑 力学的には月の運動は，あるとき月が地球から月までの距離に等しい高さから，真横に打ち出された物体の運動と考えてよいのだと思います。それなのに，月という物体はいつまでも地球の周りを回り続けるだけで落ちて来ない……？

👴 ウーン，なかなか面白いところに気がつきましたね。その問題を考えるために，ひとつヒントをあげましょう。高さ h のところから，物体をある速さで真横に投げると，その物体は横向きに動いて少し離れたところで地上に落ちますね。

🧑 先生，それがヒントですか。それは今まで話していたことで，ヒントになっていませんよ。

👴 まだまだ，ヒントは終わっていません（笑）。もう少し大きな速さで投げると，どうなりますか。これがヒントです。

🧑 投げる速さが大きくなれば，その分遠くに落下することになります。それがヒントですか。

👴 もっと大きな速さで投げると……？

🧑 もっと大きな速さで投げると，もっと遠くまで届くことになります。

👴 もっともっと大きな速さで投げると？　図を描いてみてください。

第6章 いろいろな運動の例

6-3 惑星の運動

🧑‍🦰 (図を描きながら）もっともっと大きな速さで投げると，もっともっと遠くまで届く……。ウーンと……。ずっと遠くまで届くと，地球が球であることからその丸みを考慮する必要が出てくる。

図6-10　月はなぜ落下してこないのか？

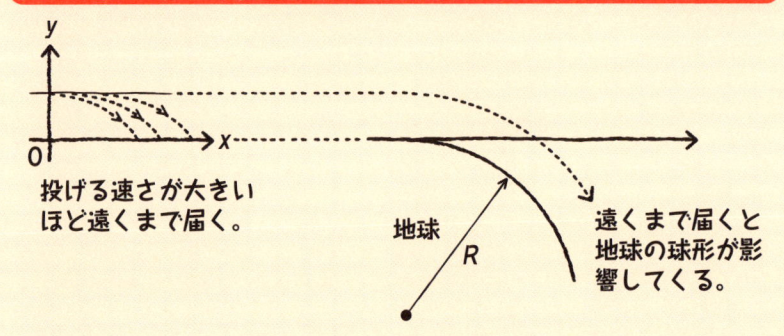

投げる速さが大きいほど遠くまで届く。

地球　R

遠くまで届くと地球の球形が影響してくる。

👨 わかった！　地球が球なので，ずっと遠くまで届くと，落下したところに地表がないことになる。次々とこの状況が続くので，月は地球に落下しているのだけど，落下しても落下してもそこに地球がないので，結局月は地球に届かないことになり，いつまでも地球の周りを回り続けている……。

👨‍🦳 そうです。月は地球の重力の影響で落下しているのですが，横向きの速さが大きいので，落下し続けていて地上に届かないのです。月は天然の衛星ですが，人工衛星も同様で，上空に打ち上げられたあと，条件を満たす速さで横向きに投げ出されることで，地球を周回する軌道に乗るのです。

👨 なるほど，よくわかりました。月も人工衛星も，落下しているけれど，地球に届かないままで落下し続けているのが，結果として地球の周りを回り続けていることになるのですね。

第7章
相対性原理と見かけの力

第1章で、"別の視点から見る"ことの意義について話しました。ここでは、別の視点の例として、基準にとった3次元直交座標系に対して、別のもう一つの3次元直交座標系を考え、初めの座標系で見たときの物体の運動と、新たに設定した別の座標系を基準にとったときの物体の運動の関係を調べます。

7-1 等速直線運動をしている座標系の場合

第1章で，物体の運動を別の視点(座標系)から見ることの重要性について話したことを覚えていますか。ここでは，別の座標系の例として，

1) 基準にとった座標系に対して等速直線運動している座標系
2) 基準にとった座標系に対して加速度運動している座標系

をとり上げることにします。

基準にとった座標系をSとし，この座標系に対して速度$\vec{V}$で等速直線運動している別の座標系をS'とします。

このとき，座標系Sで表した物体の位置ベクトルを$\vec{r}(t)$，座標系S'で表した同じ物体の位置ベクトルを$\vec{r'}(t)$とすると，$\vec{r}(t)$と$\vec{r'}(t)$の間には次の関係が成り立ちます。

$$\vec{r'}(t) = \vec{r}(t) - \vec{V}t \quad (\vec{V}は一定) \tag{7.1}$$

ただし，時刻$t=0$には，2つの座標系SとS'の原点は，一致していたものとします。$\vec{r}(t)$と$\vec{r'}(t)$を結ぶこの関係を**ガリレイ変換**といいます。

図7-1 2次元空間でのS系とS'系

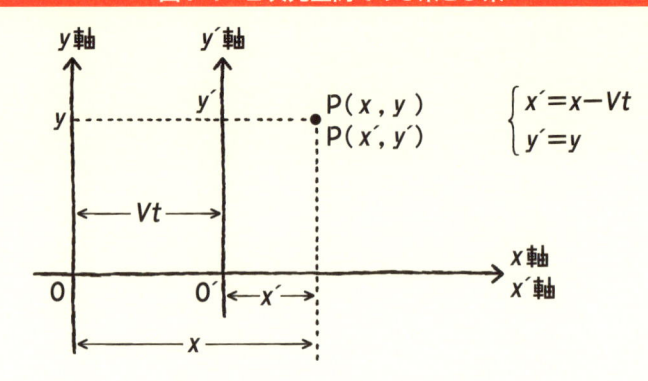

🧑 電車に乗って遠くに見える山に向かって進むとき，山自体はもとの場所にあるのに，電車の中から見ると電車が進んだ距離だけ近くに見えてくることがありますが，式(7.1)はそのことを表す関係式と考えてよいのですか。

👨‍🦳 そうです。その場合，地上から見た山の位置が$\vec{r}(t)$であり，電車の中から見た同じ山の位置が$\vec{r}'(t)$です。電車の中から見たとき，時刻0には地上で見たときと同じ位置に見えていた山が，時刻tには時刻0からtまでの間に電車が進んだ距離$\vec{V}t$だけ近く見えることを表したのが，式(7.1)です。A君の例え話はなかなかわかりやすいですね。

● 電車の中から見た物体の速さは？

座標系Sと座標系S′で観測したときの，物体の速度の関係を求めます。時刻tと時刻$t+\Delta t$の間の，物体の位置ベクトル$\vec{r}$と$\vec{r}'$の変化をそれぞれ，$\Delta \vec{r}(t)$と$\Delta \vec{r}'(t)$で表すと

7-1 等速直線運動をしている座標系の場合

$$\Delta \vec{r}(t) = \vec{r}(t+\Delta t) - \vec{r}(t) \tag{7.2}$$

$$\Delta \vec{r'}(t) = \vec{r'}(t+\Delta t) - \vec{r'}(t) \tag{7.3}$$

となります。式(7.3)に式(7.1)を代入すると，$\Delta r(t)$と$\Delta r'(t)$は，次の関係

$$\Delta \vec{r'}(t) = \{\vec{r}(t+\Delta t) - \vec{V} \cdot (t+\Delta t)\} - \{\vec{r}(t) - \vec{V}t\} = \Delta \vec{r}(t) - \vec{V}\Delta t \tag{7.4}$$

を満たすことがわかります。座標系SとS′での物体の速度$\vec{v}(t)$と$\vec{v'}(t)$は，それぞれ

$$\vec{v}(t) = \lim_{\Delta t \to 0} \frac{\Delta \vec{r}(t)}{\Delta t}, \quad \vec{v'}(t) = \lim_{\Delta t \to 0} \frac{\Delta \vec{r'}(t)}{\Delta t} \tag{7.5}$$

ですが，式(7.5)の第2式に，式(7.4)を代入すると

$$\vec{v'}(t) = \lim_{\Delta t \to 0} \frac{\Delta \vec{r}(t) - \vec{V}\Delta t}{\Delta t} = \vec{v}(t) - \vec{V} \tag{7.6}$$

となります。速度$\vec{v}(t)$と$\vec{v'}(t)$間のこの関係を，**速度の合成則**といいます。

速度$\vec{V}$が

$$\vec{V} = \begin{pmatrix} V_x \\ V_y \\ V_z \end{pmatrix} = \begin{pmatrix} V \\ 0 \\ 0 \end{pmatrix} \tag{7.7}$$

のとき，式(7.6)は

$$v'_x(t) = v_x(t) - V, \quad v'_y(t) = v_y(t), \quad v'_z(t) = v_z(t) \tag{7.8}$$

となります。すなわち，$\vec{V}$と同じ方向の速さの成分だけが合成され，$\vec{V}$と直交する速さの成分は変化しません。

地上に対して時速60キロメートルで東の方向に動いている電車の中から，鉄道に並行する直線道路を時速60キロメートルの速さで，電車と同じ方向に走っている自動車を見たときの，自動車の速さは時速何キロメートルですか。

東西の方向をx軸にとり，東向きをx軸の正方向にしたとき，地上で観測したときの自動車の速さ$v_x(t)$は時速60キロメートルであり，

電車の速さも同じく時速60キロメートルなので，式(7.8)から電車の中で観測したときの自動車の速さ$v'_x(t)$はゼロであることが導かれます。また，x軸に直交する方向の速さは，地上で観測しても，電車の中で観測しても，ともにゼロです。そうか……，だから電車と同じ速さで同じ方向に走っている自動車を，電車の中から見ていると止まっているように見えるんですね。

第1章で，先生が物体の速さを議論するためには，基準系を決めることが先決だ，とおっしゃられたのは，速度の合成則があるからですね。ようやくはっきりしました。

電車の中から見たときの物体の加速度は？

座標系Sと座標系S'での加速度の関係を調べます。時刻tと時刻$t+\Delta t$間のS系での速度の変化を$\Delta \vec{v}(t)$，S'系での速度の変化を$\Delta \vec{v'}(t)$としたとき

$$\Delta \vec{v}(t) = \vec{v}(t+\Delta t) - \vec{v}(t) \tag{7.9}$$

$$\Delta \vec{v'}(t) = \vec{v'}(t+\Delta t) - \vec{v'}(t) \tag{7.10}$$

なので，式(7.10)に式(7.6)を代入すると

$$\Delta \vec{v'}(t) = \{\vec{v}(t+\Delta t) - \vec{V}\} - \{\vec{v}(t) - \vec{V}\} = \Delta \vec{v}(t) \tag{7.11}$$

となります。式(7.11)から，S系での加速度$\vec{a}(t)$とS'系での加速度$\vec{a'}(t)$の関係

$$\vec{a'}(t) = \lim_{\Delta t \to 0} \frac{\Delta \vec{v'}(t)}{\Delta t} = \lim_{\Delta t \to 0} \frac{\Delta \vec{v}(t)}{\Delta t} = \vec{a}(t) \tag{7.12}$$

が導かれます。この結果，ガリレイ変換では加速度は変化しないことが明らかになりました。

物体に作用する力は，S系とS'系で同じ（$\vec{f}(t) = \vec{f'}(t)$）なので，S系での運動方程式とS'系での運動方程式に，次の関係

$$\vec{f}(t)=m\vec{a}(t) \quad \Leftrightarrow \quad \vec{f}'(t)=m\vec{a}'(t) \qquad (7.13)$$

があることがわかります。ここで，m は物体の質量です。

式(7.13)に出てくる記号⇔は，S系で$\vec{f}(t)=m\vec{a}(t)$ が成り立つとき，S′系では$\vec{f}'(t)=m\vec{a}'(t)$ が成り立つこと，さらにその逆も言えることを示します。このことは，ガリレイ変換で結ばれる2つの座標系SとS′系では，運動方程式が同じ形の式で表されることを意味しています。ガリレイ変換で運動方程式が変化しないこと，これをガリレオの相対性原理といいます。ガリレオの相対性原理は，座標系SとS′が力学的に同等であることを示したものです。

'力学的に同等'の意味がよくわからないのですが……。

力学的に同等というのは，'2つの座標系，S系とS′系で，物体の運動について同じ実験をすれば，同じ実験結果が得られる'ということです。別の言い方をすれば，力学現象を調べる上で，S系とS′系のどちらかが優位であることはなく，2つの系が完全に同等であることを意味しています。

……？

わかりにくいですか。それではこんなことを考えてみましょう。ある人が電車に乗っているうちに眠ってしまいました。しばらくして眠りから覚めたとき，車両のすべての窓が閉まっていて外が見えません。外部とは完全に遮断されているようで，音も聞こえないので電車が動いているのか，それとも止まっているのか知ることができません。そこでその乗客は，ある高さから物体を落としてみることで，電車が静止しているのか，それとも一定の速度で動き続けているのかを判断することにしました。実験の結果は，手放された物体はまっすぐ下に向かって落下しました。乗客はこの実験から，目的を達成することができるでしょうか。

電車が静止していれば，地上の場合と同様に，手放された物体は真下に落下することは確かだから，この電車は静止していると判断し

ても間違いではないのかな。

🧑 結論を出す前に，電車が一定の速度で走り続けている場合も考えて見る必要があるね。電車が動いている場合には，手放された物体は電車の進む方向とは逆方向に向かって斜め後方に落ちるのかな……。いや，動いている電車の中でつり革につかまりながら，もう一方の手でもっていたカバンをうっかり手放しても，カバンはそのまま足元に落ちるから，経験上は手放されたカバンは真下に落ちるのであって，斜め後方に落ちることはないよね。だから，電車が一定の速度で動いていても，その中にいる人が手放した物体は，やはり真下に落下すると思うよ。

🧑 確かにそうだね。ということは，物体が真下に落下したとき，電車は一定の速度で動いていると判断しても間違いではない？

👩 実験結果からは，電車が静止していると判断することもできるし，逆に一定の速度で動いていると判断することも可能である……。困ったなー，この実験結果は同じだから，電車が静止しているか，それとも動いているかを判断できない……。乗客の実験は無駄だったんですね。

🧑 物体の落下実験だけでなく，力学のどんな実験を行っても，S系とS′系では，運動方程式が同じだから，同じ実験結果が得られます。そのため，外部と遮断された車両の中で目覚めた乗客が，いかなる力学の実験を試しても，その車両が静止しているか，それとも一定の速度で動き続けているのかを知ることはできません。それは力学の実験では，S系とS′系を区別できないからです。これが，ガリレオの相対性原理からの帰結であり，'力学的に同等である'の意味です。

🧑 運動方程式が同じ形であるということは，そういうことなんですね。'力学的に同等'の意味が理解できたように思います。

7-2 等加速度運動をしている座標系の場合

基準の座標系Sに対して,一定の加速度$\vec{A}$で等加速度運動している別の座標系S″での物体の運動を調べます。座標系Sでの物体の位置ベクトルを$\vec{r}(t)$,座標系S″での位置ベクトルを$\vec{r}''$とします。このとき,式(7.1)と同様に,時刻0からtまでの間に座標系S″が移動した分だけ,$\vec{r}''(t)$は変化しますので,これらの位置ベクトルの間には次の関係が成り立ちます。

$$\vec{r}''(t) = \vec{r}(t) - \frac{1}{2}\vec{A}t^2 \tag{7.14}$$

ただし,時刻$t=0$では,S″はSに対して静止していて,また2つの座標系の原点は一致していたものとします。S″は,等加速度$\vec{A}$で運動している座標系ですから,式(7.14)は等加速度系への変換といいます。

図7-2 2次元空間でのS系とS″系

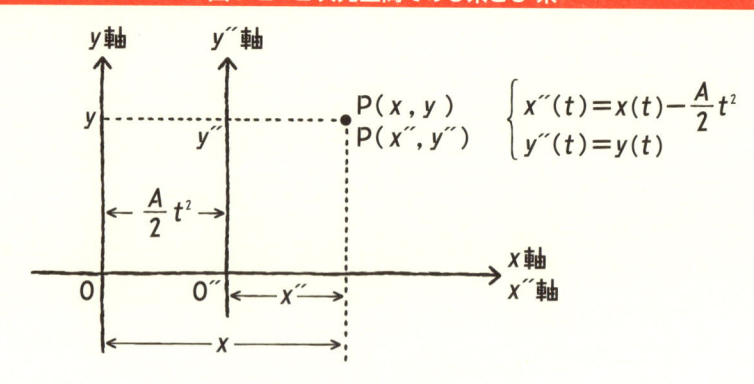

$$\begin{cases} x''(t) = x(t) - \dfrac{A}{2}t^2 \\ y''(t) = y(t) \end{cases}$$

等加速度系での速度と加速度は？

S系での物体の速度$\vec{v}(t)$とS″系での速度$\vec{v}''(t)$の関係を求めます。時刻tから$t+\Delta t$間の,物体のそれぞれの座標系での位置の変化

$$\Delta \vec{r}(t) = \vec{r}(t+\Delta t) - \vec{r}(t) \tag{7.15}$$

$$\Delta \vec{r''}(t) = \vec{r''}(t+\Delta t) - \vec{r''}(t) \tag{7.16}$$

に，式(7.14)を代入すると

$$\Delta \vec{r''}(t) = \Delta \vec{r}(t) - \vec{A} \cdot t \Delta t - \frac{1}{2}\vec{A}(\Delta t)^2 \tag{7.17}$$

となります。この結果，速度$\vec{v}(t)$と$\vec{v''}(t)$の間には

$$\vec{v''}(t) = \lim_{\Delta t \to 0} \frac{\Delta \vec{r''}(t)}{\Delta t} = \vec{v}(t) - \vec{A} \cdot t \tag{7.18}$$

が成り立ちます。

同様にして，加速度$\vec{a}(t)$と$\vec{a''}(t)$に関して，次の関係（式(7.18)を用いて）

$$\vec{a''}(t) = \vec{a}(t) - \vec{A} \tag{7.19}$$

が成り立つことがわかります。

ガリレイ変換の場合とは異なり，変換(7.14)では物体の加速度が変化します。この影響で，S系とS″系では運動方程式の形も変わります。運動方程式の変化を見るために，式(7.19)を

$$\vec{a}(t) = \vec{a''}(t) + \vec{A} \tag{7.20}$$

と書き直し，これを座標系Sでの運動方程式

$$m\vec{a}(t) = \vec{f}(t) \tag{7.21}$$

に代入すると，S″系での運動方程式

$$m\vec{a''}(t) = \vec{f} - m\vec{A} \tag{7.22}$$

が得られます。

物体に力$\vec{f}(t)$が作用しているとき，S系での運動方程式(7.21)は，物体の加速度$\vec{a}(t)$と力$\vec{f}(t)$が比例することを示したものでした。この運動方程式から導かれたS″系での運動方程式(7.22)は，S″系での物体の加速度$\vec{a''}(t)$が，物体に作用している力$\vec{f}(t)$ではなく，$\vec{f}(t)$と$-m\vec{A}$の和で表されるベクトルに比例することを表しています。式(7.22)の右辺第2

第7章 相対性原理と見かけの力

7-2 等加速度運動をしている座標系の場合

項の $-m\vec{A}$ は力 $\vec{f}(t)$ と同じ次元「ML／T²」をもつ量ですので，これも力の一種と考えることができます。ただし，この力は外部から実際に物体に作用している力ではなく，運動を考察する座標系S″が座標系Sに対して加速度運動していることによって現れたものなので，これを見かけの力とみなします。見かけの力を**慣性力**とよびます。慣性力は物体の質量に比例します。

ということは，ニュートンの運動方程式は厳密な意味では，どの基準系でも成り立つわけではないのですね。

そうです。'加速度運動している基準系では，物体の加速度はその物体に作用している力と慣性力の合力に比例する'と言い直す必要があります。この意味で，ガリレイ変換の場合とは事情が違って，加速度系への変換では運動方程式の形が変化を受けることになります。

式(7.18)をみると，物体に外部から力が作用していない場合でも，座標系S″系での物体の速度 $\vec{v}''(t)$ は，時間が経つに連れて変化することになります。これは，ニュートン力学の第1法則(慣性の法則)も，S″系では成り立たないことを示していると考えられますね。

その通りです。それはとても重要な点です。加速度系では，第1法則も成り立ちません。逆にいえば，第1法則が成り立つ系では，第2法則がそのままの形で意味をもつことになります。第1法則(慣性の法則)が成り立つ基準系を**慣性系**といいます。すなわち，慣性系ではニュートンの運動方程式がもとの形のままで使えることになります。第1法則が慣性の法則とよばれるのはその理由からです。

……。

H君，先ほどから黙り込んでいますがどうしましたか。

先生の話を聞きながら，外部から遮断された電車の中の乗客のこと

を考えていました。ガリレイ変換では運動方程式が変わらないから，S系とS′系で同じ実験を行えば同じ結果が得られるので，力学の実験を実施しても両系の区別ができなかったのですよね。ところが，S系とS″系では，運動方程式が異なるので，同じ実験をしても結果は異なることになり，実験結果から系の区別が可能になるのだろうか，と何となく考えていました……。

外部から遮断された電車内の乗客が，物体を落下させる実験を行ったとき，その物体に地球からの重力以外の力が働いていないにもかかわらず，物体が真下に落下せずに斜め方向に落ちたとしたら，その電車を基準にした座標系は慣性系ではなく，加速度系です。

だから，自動車が加速したときシートの後ろに押し付けられるような気がするのですね。助手席で眠っていても，車が加速していることがわかるのはそのためだったのか。

そうです。力学の実験を行うことで，慣性系間の区別は不可能ですが，慣性系か加速度系かの判断はできることになります。もう一つ，興味深い例として，自由落下しているエレベーターを基準に取った場合を考えてみましょう。Fさん，この場合加速度系S″（エレベーターに固定された座標系）での加速度はどうなりますか。

自由落下しているエレベーターは，地球の重力を受けて落下しているのだから，そのエレベーターの加速度は下向きに重力加速度gです。

そうですね。だからこの場合の慣性力は，上向きに（マイナスが付いているので，重力加速度の方向とは逆向きに）大きさmgとなります。もし，エレベーター内の物体に地球の引力以外の力が作用しないときは……？

そのときは，物体に作用する重力は下向きにmgなので，重力と慣性力は打ち消しあって，その合力はゼロとなります。この場合，S″系での物体の加速度$\vec{a}''(t)$はゼロです。

7-2 等加速度運動をしている座標系の場合

ということは，エレベーターの内部にいる人が手で支えていた物体をうっかり手放しても，その物体はエレベーターの床に落下しないことになりますね。支えを取り外したのに，まるで重力が働いていないかのように……。自由落下しているエレベーター内部では物体は空中に浮かんだままで，それはエレベーターの床に落下しない。なんだか不思議ですね。

その物体を，地上を基準にした座標系で観測すると，物体の運動はどのように見えるのかしら。エレベーターは重力の作用を受けて地上に落下し，エレベーター内部の物体も重力の作用を受けて落下しているのだから……。

落体の運動のところでわかったように，地球の重力を受けて自由落下する物体の落下の様子は，それらの物体の質量や材質等によらず同じでした。だから，エレベーター内部の物体とエレベーター自身は同じ速さで落下してくることになる。ということは，地上で見ていても物体とエレベーターの相対的な位置関係は変わらない。相対的な位置関係が変わらない結果として，エレベーターを基準にとれば物体は動かないことになるんですね。

地上で観測すれば，同じ速さで自由落下する2つの物体について，そのうちの一方を基準系にしてもう一つの物体を見たとき，その物体は静止したままだから，それにはいかなる力も作用していないように見えます。一方の物体を基準にとった座標系(等加速度運動している系)で，もう一方の物体の運動を力学的に理解するときには，式(7.22)で見たように慣性力(見かけの力)が導入された理由が，これで理解できたものと思います。

7-3 その他の加速度系

　等加速度系を基準にとったときの，運動方程式の変わり方と，その力学上の意味を調べましたが，加速度の大きさやその向きが変化する座標系を基準にとった場合も，物体の運動方程式の右辺には物体の質量に比例した見かけの力が現れます。これも慣性力です。

● 回転する座標系

　一定でない加速度をもった座標系の代表的なものに，**回転座標系**（座標系の向きが，原点を中心として回転している座標系）があります。回転座標系が加速度系であることによって生じる慣性力には，**遠心力とコリオリの力**があります。地球は自転していますので，その表面に固定した座標系は回転座標系になります。地上の様々な自然現象の中には，地球が自転していることによって生じる遠心力とコリオリの力を考慮して初めて理解できるものがあります。地球が自転していることを検証した実験として有名なフーコーの振り子は，地球の重力だけの影響を受けて振動している振り子の振動面が，時間の経過につれて回転することを示すことによって，振動面の回転を引き起こす見かけの力（この場合は地球の自転によって生じた慣性力）の存在を明らかにしたものです。これらの慣性力の詳細に関する考察は，読者自身に任せて本書では割愛することにします。

コラム　力学こぼれ話　「ガリレオ衛星とケプラーの法則」

　ガリレオ衛星は，ガリレオが自作の望遠鏡を用いて，その存在を発見した木星の4個の衛星です。この発見の詳しい記録は『星界の報告』（ガリレオ著）に記載されています。

ガリレオが自作の望遠鏡で初めて木星を眺めたのは，1610年1月7日のことですが，そのときは木星の近くに明るく輝く3個の天体を発見したと記録しています。

初めてこれらの天体を眺めたとき，ガリレオはそれが木星の衛星であることにすぐ気がついたのですか。

この当時はまだ，現在のように太陽の周りを惑星が公転し，惑星の周りを衛星が回るという太陽系の構造もわかっていなかった時代ですから，ガリレオも当初はそれらの天体を，木星の背後にある恒星だと考えたようです。しかし，翌日観測するとそれらの位置と個数が変化していることに興味をもち，その変化の様子を調べるためにその後3月初めまで，雨天の夜を除いて木星の観測を続けた結果，木星の周りを周期的に周回する4個の天体があることを発見したのです。

それらの4個の天体が，内側から順にイオ・エウロパ・ガニメデ・カリストとよばれている木星の衛星だったんですね。

そうです。すべての天体は地球を中心として回転していると考える「天動説」が優勢であった時代背景の中で，木星の周りを周回する天体系の発見は，ガリレオに「天動説」とは異なる考え方である「地動説」を支持するための観測的根拠を与えました。

そのことが，天動説を採用しているローマ法王庁と対立することになり，いわゆる'ガリレオ裁判'につながったのか……。

🧑‍🦰 ガリレオが，木星と4個の衛星が作る天体系の存在から，太陽と惑星からなる天体系の実在に確信をもったことは，逆に言えば'木星の系はミニ太陽系とみなせる'ことを，意味していると考えることもできるのではないですか。

👨‍🦳 よいところに気がつきましたね。太陽を木星に，惑星をガリレオ衛星に置き換えれば，木星とガリレオ衛星間の重力で結合している天体系であるという意味で，木星を中心とする系は力学的には太陽系と同等な天体系です。

🧑 それでは，ガリレオ衛星の運動に関しても，ケプラーの法則が成り立つのですね。ガリレオは2ヶ月ほど継続観測したようですが，ひょっとしたらガリレオ衛星を観測すれば，ケプラーの法則を検証できるかも，やってみようかな……。

🧑 でも，ガリレオ衛星の観測は難しいのでは？

🧑‍🦰 ガリレオがそのとき使用した自作の望遠鏡は，倍率の高いものではないはずだから，ガリレオ衛星の観測はそんなに難しくないかも……。

👨‍🦳 ガリレオ衛星は5等星前後の明るさの天体ですから，それを見ること自体はあまり難しいことではありません。小さな望遠鏡や双眼鏡でも見られますよ。ぜひ木星を観測してみてください。美しいガリレオ衛星が見えるはずです。

🧑 でも，ケプラーの法則を検証するためには，ガリレオ衛星を見るだけではなく，それらの位置の変化を詳細に測定しなければなりませんね。それはやはり技術と根気が求められそうですが……。

👨‍🦳 ガリレオ衛星の美しさに感動するだけよりは困難かもしれませんね(笑)。しかし，昼夜を問わず自宅からでもガリレオ衛星を観測し，その動きを精度よく測定できるシステムが作られて，それが

7-3 その他の加速度系

無料で開放されていますので，そんなに難しいことではないと思いますよ。

（参照：慶應義塾大学インターネット望遠鏡プロジェクト http://www.kitp.org/）。

技術的な困難は大分少なくなったようですが，根気の問題は大丈夫ですか（笑）。何年もかかるようだと，そんなに長い間の継続観測には自信がもてませんが……。

それは大事な問題ですね。惑星の場合だと，一番外側の海王星では，公転周期が165年ですから，それだけの期間観測し続けることは，A君でなくてもとても不可能です（笑）。しかし，ガリレオ衛星の場合，一番外側のカリストでも，その公転周期は17日ほどですから，2週間あまり頑張ればよいと思います。何人かで協力して観測することもできますよ。

ガリレオ衛星を観測して，ケプラーの法則を自分で検証できるなんて，わくわくしてしまいます。頑張ってみようかな！

図7-3 インターネット望遠鏡を用いたケプラーの第3法則（ガリレオ衛星）の検証例

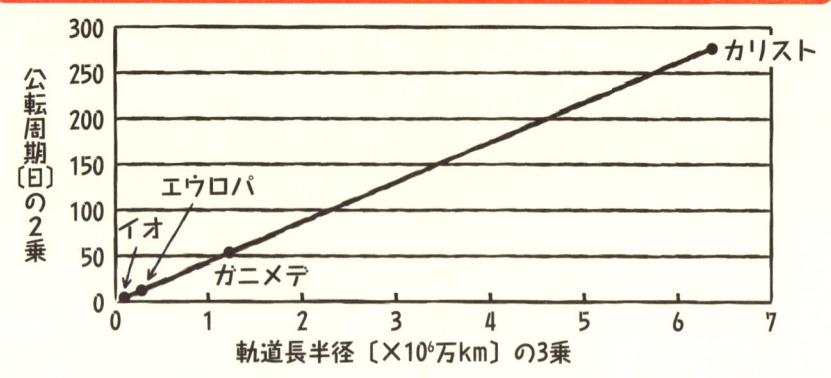

[グラフ：横軸 軌道長半径〔×10⁶万km〕の3乗（0〜7），縦軸 公転周期〔日〕の2乗（0〜300）。イオ，エウロパ，ガニメデ，カリストの4点が直線上に並ぶ。]

直線の傾きから木星の質量を求めることができます（式(6.81)参照）。

付録1

基礎定数

万有引力定数
$$G = 6.672 \times 10^{-11} \, \mathrm{m^3/(s^2 \cdot kg)}$$

真空中の光の速さ
$$c = 2.99792458 \times 10^8 \, \mathrm{m/s}$$

関数のテイラー展開

$f(t)$ の点 $t=t_0$ を中心とするテイラー展開
$$f(t) = \sum_{n=0}^{\infty} \frac{1}{n!} \frac{d^n f(t_0)}{dt^n} (t-t_0)^n = f(t_0) + \frac{1}{1!} \frac{df(t_0)}{dt}(t-t_0) + \frac{1}{2!} \frac{d^2 f(t_0)}{dt^2}(t-t_0)^2 + \cdots$$

$\cos t$ の $t=0$ を中心とするテイラー展開
$$\cos t = \sum_{n=0}^{\infty} \frac{(-1)^n}{(2n)!} t^n = 1 - \frac{1}{2!} t^2 + \frac{1}{4!} t^4 - \frac{1}{6!} t^6 + \cdots$$

$\sin t$ の $t=0$ を中心とするテイラー展開
$$\sin t = \sum_{n=0}^{\infty} \frac{(-1)^n}{(2n+1)!} t^{2n+1} = t - \frac{1}{3!} t^3 + \frac{1}{5!} t^5 - \frac{1}{7!} t^7 + \cdots$$

付録2　惑星の運動について（補足）

　第6章の第3節では惑星の運動を調べましたが，そこでは相対ベクトル$\vec{r}(t)$の具体的な解を求める手順を省略し，そこから得られるいくつかの重要な結果だけをまとめました。この付録では，$\vec{r}(t)$の時間変化を決める式(6.65)を解くことにします。

　運動方程式を解く方法として，本文では時刻tの少しあとの時刻$t+\Delta t$を考え，その時刻における物体の位置を求めました。式(6.65)は厳密解をもつことが知られていますので，本文中で説明した方法とは別のやり方になりますが，ここでは式(6.65)を直接積分して$\vec{r}(t)$を求めることにします。

● 角運動量の保存則

　式(6.65)はベクトル式ですので，その両辺はそれぞれがベクトル量です。この式とベクトル$\vec{r}(t)$のベクトル積をとると

$$m\left(\vec{r}(t)\times\frac{d^2\vec{r}(t)}{dt^2}\right)=-Gm_{\mathrm{S}}m_{\mathrm{P}}\left(\frac{\vec{r}(t)\times\vec{r}(t)}{r^3(t)}\right)=\vec{0} \quad \text{(A1)}$$

となります。右辺最後の等号は，ベクトル$\vec{r}(t)$と同じベクトル$\vec{r}(t)$のベクトル積はゼロ・ベクトルとなることを用いました。したがって

$$\frac{d}{dt}\left(\vec{r}(t)\times\frac{d\vec{r}(t)}{dt}\right)=\underbrace{\left(\frac{d\vec{r}(t)}{dt}\times\frac{d\vec{r}(t)}{dt}\right)}_{\substack{\text{同じベクトルどうし}\\\text{のベクトル積だから，}\\\text{ゼロ・ベクトル}}}+\underbrace{\left(\vec{r}(t)\times\frac{d^2\vec{r}(t)}{dt^2}\right)}_{\substack{\text{上の式(A1)と同じ式}\\\text{だから，ゼロ・ベクトル}}}=\vec{0} \quad \text{(A2)}$$

です。ここでも，ベクトル$\frac{d\vec{r}(t)}{dt}$と同じベクトル$\frac{d\vec{r}(t)}{dt}$のベクトル積はゼロ・ベクトルであることを用いました。

　ベクトル$\vec{r}(t)\times\frac{d\vec{r}(t)}{dt}$はベクトルなので，これを改めてベクトル$\vec{l}(t)$で表すと，式(A2)は$\vec{l}$の時間微分がゼロであること，すなわち$\vec{l}$は時間が経過してもその向きと大きさが変化しないベクトルであることがわか

ります。

139ページですでに述べたように，$\vec{l}$ は単位質量あたりの角運動量を意味しますので，これを**角運動量の保存則**といいます。$\vec{l}$ の大きさは面積速度を表しましたので，$\vec{l}$ の大きさが一定であること（定数であること）は，面積速度が保存することを意味します。

また，$\vec{l}$ の向きが一定であることは，$\vec{l}$ に直交する平面が固定されたものであることを示しています。$\vec{l}$ の向きを z 軸の正方向にとり，x 軸と y 軸がこの平面上にある3次元直交座標系を設定しますと，$\vec{r}(t)$ はこの平面上にありますので

$$\vec{r}(t) = \begin{pmatrix} x(t) \\ y(t) \\ 0 \end{pmatrix} \tag{A3}$$

と表すことができます。同様にして，$\vec{l}$ は

$$\vec{l} = \begin{pmatrix} 0 \\ 0 \\ l_z \end{pmatrix} \tag{A4}$$

となります。$\vec{l}$ の向きを z 軸の正方向に決めましたので，l_x と l_y はゼロです。

$x(t)$ と $y(t)$ の2次元極座標表示は

$$x(t) = r(t)\cos\theta(t), \quad y(t) = r(t)\sin\theta(t) \tag{A5}$$

で与えられますので

$$l_z = \left(\vec{r}(t) \times \frac{d\vec{r}(t)}{dt}\right)_z$$

$$= x(t)\frac{dy(t)}{dt} - y(t)\frac{dx(t)}{dt} = r^2\frac{d\theta(t)}{dt} = l\,(\text{定数}) \tag{A6}$$

となります。ここで，l はベクトル $\vec{l}$ の大きさ $|\vec{l}|$ を表します。

● エネルギーの保存則

式(6.65)と $\dfrac{d\vec{r}(t)}{dt}$ の内積

$$\frac{d^2\vec{r}(t)}{dt^2} \cdot \frac{d\vec{r}(t)}{dt} = -Gm_\mathrm{S}m_\mathrm{P}\frac{\left(\vec{r}\cdot\dfrac{d\vec{r}(t)}{dt}\right)}{r^3} \tag{A7}$$

は

$$\frac{d}{dt}\left\{\frac{m}{2}\left(\frac{d\vec{r}(t)}{dt}\cdot\frac{d\vec{r}(t)}{dt}\right)-G\frac{m_S m_P}{r}\right\}=0 \tag{A8}$$

と書き直すことができます．式(A8)を導くにあたって，次の関係

$$\frac{d}{dt}\left(\frac{1}{r}\right)=\frac{d}{dt}\frac{1}{\sqrt{x^2+y^2}}=-\frac{x\frac{dx}{dt}+y\frac{dy}{dt}}{r^3}=-\frac{\vec{r}\cdot\frac{d\vec{r}}{dt}}{r^3} \tag{A9}$$

を用いました．

ここで

$$\frac{m}{2}\left(\frac{d\vec{r}(t)}{dt}\cdot\frac{d\vec{r}(t)}{dt}\right)-G\frac{m_S m_P}{r}=E \tag{A10}$$

とおくと，式(A8)は

$$\frac{dE}{dt}=0 \tag{A11}$$

となりますので，E は時間に依存しない定数であることがわかります．式(A10)の左辺第1項は，換算質量 m をもつ物体の運動エネルギーを，第2項 $-G\frac{m_S m_P}{r}$ は太陽と惑星間に作用する重力のポテンシャル・エネルギーを表します．したがって，E の物理的な意味は運動エネルギーとポテンシャル・エネルギーの和で与えられる全エネルギーであることがわかります．そして，それが時間に依存しない定数であることは，全エネルギー E が保存することを示しています（エネルギー保存則）．

極座標 $(r(t), \theta(t))$ を用いると，式(A10)は

$$\frac{m}{2}\left\{\left(\frac{dr(t)}{dt}\right)^2+r^2(t)\left(\frac{d\theta(t)}{dt}\right)^2\right\}-G\frac{m_S m_P}{r}=E \tag{A12}$$

となります．式(A6)の $\frac{d\theta(t)}{dt}$ を代入すると，式(A12)は

$$\frac{m}{2}\left\{\left(\frac{dr(t)}{dt}\right)^2+\frac{l^2}{r^2}\right\}-G\frac{m_S m_P}{r}=E \tag{A13}$$

と書き直すことができます．

式(A6)と式(A13)から，$\theta(t)$ と $r(t)$ に関する次の連立方程式

$$\frac{d\theta(t)}{dt}=\frac{l}{r^2} \tag{A14}$$

$$\frac{dr(t)}{dt} = \pm\sqrt{\frac{2E}{m} + \left(\frac{2Gm_S m_P}{m}\right)\frac{1}{r} - \frac{l^2}{r^2}} \tag{A15}$$

が得られます。これらの式を解くことで、$\theta(t)$ と $r(t)$ を求めることができますが、以下ではその前に $\vec{r}(t)$ が描く軌道を求めることにします。

● 軌道を求める

極座標での2つの座標変数 $r(t)$ と $\theta(t)$ は、それぞれが時間 t の関数でした。軌道を求めることは、r と θ の関係を決めることですから、$r(t)$ を改めて $\theta(t)$ の関数とみなして $r(t) = r(\theta(t))$ とおきます。このとき

$$\frac{dr(t)}{dt} = \frac{dr(\theta)}{d\theta}\frac{d\theta(t)}{dt} = \left(\frac{l}{r^2}\right)\frac{dr(\theta)}{d\theta} \tag{A16}$$

となります。ここで式(A14)を用いました。

式(A16)を式(A13)に代入してまとめ直すと

$$\left(\frac{dr(\theta)}{d\theta}\right)^2 = \left(\frac{2E}{ml^2}\right)\left\{r^2 + \frac{Gm_S m_P}{E}r - \frac{ml^2}{2E}\right\}r^2$$

$$= \left(\frac{2E}{ml^2}\right)(r-r_+)(r-r_-)r^2 \tag{A17}$$

となります。ここで、r_+ と r_- は、2つの保存量 E と l を用いて、次の式

$$r_+ + r_- = -G\frac{m_S m_P}{E}, \quad r_+ r_- = -\frac{ml^2}{2E} \quad (r_- < r_+) \tag{A18}$$

で与えられます。

式(A17)の左辺は正またはゼロですから、その右辺も正またはゼロでなければならないことがわかります。また、惑星は閉じた軌道を描きますから、$r(\theta)$ は θ が変化してもある範囲の値をとる必要があります (r がゼロになったり、無限大になったりしない)。式(A17)の右辺がこれら2つの条件を満たすためには、E は負であり (このとき式(A18)で与えられる r_+ と r_- は、ともに正となる)、かつ $r_- \leqq r \leqq r_+$ が満たされることが必要となります。E が負の値をもつことを考慮して、$E = -|E|$ と表すと ($|E|$ は E の絶対値を表します)、式(A17)と式(A18)はそれぞれ

$$\left(\frac{dr(\theta)}{d\theta}\right)^2 = \left(\frac{2|E|}{ml^2}\right)(r_+ - r)(r - r_-)r^2 \tag{A19}$$

$$r_+ + r_- = G\frac{m_S m_P}{|E|}, \quad r_+ r_- = \frac{ml^2}{2|E|} \tag{A20}$$

となります。

ここで，$r = \dfrac{1}{u}$ とおくと，式(A19)は

$$\left(\frac{du(\theta)}{d\theta}\right)^2 = (u - u_+)(u_- - u) \tag{A21}$$

となります。ただし，$u_\pm = \dfrac{1}{r_\pm}$ です（±の複号は同順）。式(A21)から

$$\frac{du(\theta)}{d\theta} = \pm\sqrt{(u-u_+)(u_- - u)} \tag{A22}$$

となりますので，これを積分すると

$$u(\theta) = \frac{u_+ + u_-}{2} \pm \frac{u_- - u_+}{2}\sin(\theta + \theta_0) \tag{A23}$$

が得られます。積分定数 θ_0 を，$\theta=0$ のとき $u=u_-$ となるようにとると，式(A23)は

$$u(\theta) = \frac{u_+ + u_-}{2} + \frac{u_- - u_+}{2}\cos\theta \tag{A24}$$

となります。変数を $u(\theta)$ から $r(\theta)$ に戻すと，式(A24)は

$$\frac{1}{r} = \frac{r_+ + r_-}{2r_+ r_-} + \frac{r_+ - r_-}{2r_+ r_-}\cos\theta \tag{A25}$$

と書き直すことができます。

式(A20)で導入した r_+ と r_- は，全エネルギーの大きさ $|E|$ と角運動量の大きさ l で決まる定数量であり，その意味は θ の関数である $r(\theta)$ の取り得る最大値と最小値に対応しました（$r_- \leq r(\theta) \leq r_+$）。ここで r_+ と r_- の平均値を a（a は r と同じ次元をもつ），$(r_+ - r_-)$ と $(r_+ + r_-)$ の比を e

$$\frac{r_+ + r_-}{2} = a, \quad \frac{r_+ - r_-}{r_+ + r_-} = e \tag{A26}$$

で表すことにします。上の定義式から，e は無次元量であり，その値は（$0 \leq e < 1$）の範囲にあることがわかります。

式(A26)から，r_+とr_-は，aとeを用いて

$$r_+ = a(1+e), \quad r_- = a(1-e) \tag{A27}$$

と表されることがわかります。式(A27)を式(A25)に代入して変形すると

$$r(\theta) = \frac{a(1-e^2)}{1+e\cos\theta} \tag{A28}$$

となります。これが，求める軌道の式，すなわちrをθの関数とみなしたときのその関数形$r(\theta)$を表すものです。

式(A5)と式(A28)から，もし$e=0$ならばθに無関係に$r=a$となることから，軌道は半径aの円であることがわかります。一方，$0<e<1$の場合

$$\theta=0\text{のとき}: r(0)=a(1-e)=r_-, \quad x=a(1-e), \quad y=0 \tag{A29}$$

であり，θが0からπまで変化するにつれて$r(\theta)$は次第に増加し

$$\theta=\pi\text{のとき}: r(\pi)=a(1+e)=r_+, \quad x=-a(1+e), \quad y=0 \tag{A30}$$

となります。また，θがπから2πまで変化するにつれて$r(\theta)$は次第に減少し，$\theta=2\pi$で$r(2\pi)=a(1-e)=r_-$に戻ります。このことから，式(A28)は長半径a，離心率eの楕円を表すことがわかります。

式(A20)と式(A27)から，楕円の長半径aと離心率eは，2つの保存量$|E|$とlを用いて

$$a = \frac{Gm_S m_P}{2|E|}, \quad e = \sqrt{1 - \frac{2ml^2|E|}{G^2 m_S^2 m_P^2}} \tag{A31}$$

と表されることがわかります。この結果，全エネルギーの大きさ$|E|$と角運動量lが与えられれば，惑星の軌道を特徴づける長半径aと離心率eが決まります。

これで，角運動量ベクトル$\vec{l}$に直交する平面(軌道平面)上で，ベクトル$\vec{r}$が描く曲線が求められましたが，実際に各惑星が宇宙空間で描く軌道を与えるには，個々の惑星の角運動量ベクトルの向き(軌道平面に直交)と，軌道平面上での楕円の長軸(x軸)の向きを決めることが必要となります。これらは各惑星ごとに異なりますので，それぞれの惑星の観測データから決めることになります。

● 任意の時刻における$r(t)$を求める

軌道の形が求められたので，次に任意の時刻における$r(t)$を求めます。そのために，まず$r(t)$の時間変化を決める式(A15)を解くことにします。式(A31)から

$$E=-|E|=-\frac{Gm_S m_P}{2a}, \quad l^2=a(1-e^2)\frac{Gm_S m_P}{m} \tag{A32}$$

となるので，これを式(A15)の右辺に代入すると

$$\frac{dr(t)}{dt}=\pm\sqrt{\frac{G(m_S+m_P)}{a}}\frac{\sqrt{a^2e^2-(r-a)^2}}{r} \tag{A33}$$

となります。ここで換算質量mが$m=\frac{m_S m_P}{m_S+m_P}$で与えられることを用いました。

次に新しく変数$\psi(t)$を導入して，$r(t)$を$\psi(t)$の関数として

$$r(t)=a(1-e\cos\psi(t)) \tag{A34}$$

で表すと

$$\psi=0のとき：r(0)=a(1-e)=r_- \tag{A35}$$

$$\psi=\pi のとき：r(\pi)=a(1+e)=r_+ \tag{A36}$$

が成り立ちます。

式(A33)に式(A34)を代入して積分すると，次の関係式

$$t-t_0=\sqrt{\frac{a^3}{G(m_S+m_P)}}(\psi(t)-e\sin\psi(t)) \tag{A37}$$

が得られます。ここでt_0は積分定数であり，$\psi=0$のときの時刻を表します。式(A35)と式(A36)が示すように，ψが0からπまで変化したとき，$r(t)$はr_-からr_+まで楕円を半周することになります。したがって，楕円を1周するのに要する時間（公転周期）をTとしたとき，式(A37)から次の式（左辺で$t=t_0+\frac{T}{2}$とおき，右辺で$\psi=\pi$とおく）

$$\frac{T}{2}=\sqrt{\frac{a^3}{G(m_S+m_P)}}\pi \tag{A38}$$

が得られます。これを変形すると，本文中の式(6.71)

$$\frac{T^2}{a^3} = \frac{4\pi^2}{G(m_S + m_P)} \tag{A39}$$

が導かれます。

式(A39)を式(A37)に代入して変形すると，本文中の式(6.72)

$$\psi(t) - e\sin\psi(t) = \frac{2\pi}{T}(t - t_0) \tag{A40}$$

が得られます。式(A40)を解いて$\psi(t)$を求め，それを式(A34)に代入することで，任意の時刻tにおける$r(t)$が求められます。

式(A40)を$\psi(t)$に関して厳密に解くことは残念ながら不可能ですが，惑星の場合，その離心率eは1に比べてかなり小さいので，eに関する展開式として$\psi(t)$を近似的に

$$\psi(t) = M(t) + e\sin M(t) + \frac{e^2}{2}\sin(2M(t)) + \cdots \tag{A41}$$

で与えることができます。ここで，$M(t) = \frac{2\pi}{T}(t - t_0)$であり，'$\cdots$' は$e$の3乗以上の項を表します。

● $\sin\theta(t)$と$\cos\theta(t)$を求める

$r(t)$が求められたので，次に$\theta(t)$を求めます。ここでは式(A14)を積分して$\theta(t)$を求める代わりに，すでに$r(t)$と$\theta(t)$の関係を表す軌道の式(A28)と，$r(t)$の時間依存性を表す式(A34)が得られていることに注目して，これらの式からまず$\cos\theta(t)$と$\sin\theta(t)$を求めることにします。

式(A28)と式(A34)から，次の関係

$$\frac{a(1-e^2)}{1+e\cos\theta} = a(1 - e\cos\psi) \tag{A42}$$

が成り立ちますので，これを$\cos\theta$について解くと，$\cos\theta$と$\sin\theta$が

$$\cos\theta(t) = \frac{\cos\psi(t) - e}{1 - e\cos\psi(t)}, \quad \sin\theta(t) = \frac{\sqrt{1-e^2}\sin\psi(t)}{1 - e\cos\psi(t)} \tag{A43}$$

で表されることが導かれます。式(A43)の$\psi(t)$に式(A41)を代入すると，$\cos\theta(t)$と$\sin\theta(t)$の時間変化を調べることができます。式(A43)から，

$\cos\theta(t)$（または$\sin\theta(t)$）の逆関数を求めれば，$\theta(t)$が得られます。

上記の手順では，式(A14)を積分することなしに$\theta(t)$が得られましたが，それは軌道を求める途中で式(A22)を積分するという手順をすでに踏んでいることから，再度積分という手続きをする必要がなくなったのがその理由です。

● $x(t)$と$y(t)$を求める

式(A34)と式(A43)を式(A5)に代入すると，本文中の式(6.69)
$$x(t)=a(\cos\psi(t)-e), \quad y(t)=a\sqrt{1-e^2}\sin\psi(t) \tag{A44}$$
が得られます。式(A44)に式(A41)で与えられた$\psi(t)$を代入すれば，$x(t)$と$y(t)$の時間変化を調べることができます。

式(A44)から
$$\psi=0\text{のとき}: x=a(1-e)=r_-, \quad y=0 \tag{A45}$$
$$\psi=\pi\text{のとき}: x=-a(1+e)=-r_+, \quad y=0 \tag{A46}$$
となることがわかります。この結果，$\psi=0$ ($\theta=0$)でx軸上の点$(a(1-e), 0)$から動き始めて，ψが増加するにつれて楕円上を移動し，$\psi=\pi$ ($\theta=\pi$)でx軸上の点$(-a(1+e), 0)$に到達し，その後ψがπから2πまで変化したとき楕円上をさらに移動し，$\psi=2\pi$ ($\theta=2\pi$)で再びx軸上の点$(a(1-e), 0)$に戻ることで，閉じた曲線が描かれます。

式(A44)から，$\cos\psi$と$\sin\psi$を消去すると，直交座標(x, y)を用いて表した楕円軌道の式(6.68)
$$(x+ae)^2+\frac{y^2}{1-e^2}=a^2 \tag{A47}$$
が得られます。言うまでもないことですが，この式は極座標で表した楕円軌道の式(A28)と同じものです。

● 補足のまとめ

これで本文中の138〜141ページでは説明を省略したすべての式が導かれました。惑星の運動を調べるために必要な力学のすべての式が出そ

ろったことになります。各惑星の角運動量ベクトル$\vec{l}$と楕円の長径(x軸)の方向，惑星が点$(a(1-e), 0)$（これを惑星の**近日点**といいます）にあったときの時刻t_0に関する観測データが与えられれば，これらの計算式を用いてそれらの惑星の軌道と任意の時刻におけるその位置を求めることができます。

あとがき

'力学がわかる'には，いろいろなわかり方が考えられます。力学の様々な問題を解く能力を身につけることは，わかり方の一つの重要な側面です。また，「解析力学」の言葉で表現されている，力学の理論体系のもつ魅力を理解することも，力学をわかることの大切な側面であるといえます。その他にも，様々なわかり方があり得ます。

本書を読むことで，問題を解く力が養われるわけでも，力学の美しい理論体系を理解できるわけでもありません。また，力学の様々な内容が整然とまとめられてもいません。

本書が意図した'力学がわかる'は，力学を一つの読み物として提示することで，'力学とは何か'，'何が力学の魅力であるか'について，力学を学び始める前に一度触れてもらうことでした。また，力学を一通り学んだ人が，別の視点から本書に目を通していただくことも期待しています。これも'わかり方'の一つであると思っています。

力学が，その適用限界を超えて物理学全般に及ぼしている影響は，非常に大きいものがあります。その意味でも，力学の様々なわかり方に挑戦していただくことは，物理学の理解を深めるために重要な意味をもつものと思います。本書がそのためにいささかでも役に立つことを願っています。

本書の執筆に当たっては，株式会社カルチャー・プロの中川克也氏，技術評論社の伊東健太郎・佐藤丈樹両氏に，大変お世話になりました。特に，個人的な理由で原稿の完成が予定より大幅に遅れたにも関わらず，完成まで静かに見守っていただきましたことに感謝したいと思います。これらの方々の暖かい励ましなしでは，本書の出版は不可能であったことと思っています。この場を借りてお世話になった方々に心からお礼の言葉を申し上げます。

参考文献

標準的な教科書

- 『物理入門コース1　力学』　戸田盛和　岩波書店(1982)

- 『力学(三訂版)』　原島鮮　裳華房(1985)

- 『朝倉現代物理学講座1　力学』　市村宗武　朝倉書店(1981)

- 『＜復刻版＞バークレー物理学コース　力学』　今井功 監訳　丸善出版(2011)

進んで学習するための参考書

- 『力学』増訂第3版　ランダウ＝リフシッツ　東京図書(1986)

- 『ファインマン物理学(1)　力学』　ファインマン　岩波書店(1986)

- 『古典力学(上・下)』原著第3版　ゴールドスタイン，サーフコ，ポール　吉岡書店(2006)

- 『解析力学Ⅰ・Ⅱ』　山本義隆・中村孔一　朝倉書店(1998)

索引 INDEX

数字・記号

2次元直交座標系 ──── 22
3次元直交座標系 ──── 28
2階微分 ──── 55
2体問題 ──── 135
J（ジュール） ──── 62
x-y平面 ──── 29
x成分, y成分, z成分 ──── 32
≈ ──── 26

ア行

位置ベクトル ──── 31
運動エネルギー ──── 89
エネルギー保存則 ──── 98
遠心力 ──── 165

カ行

外積 ──── 34
回転座標系 ──── 165
角運動量 ──── 139
角運動量の保存則 ──── 171
角振動数 ──── 123
加速運動 ──── 53
加速度 ──── 9,55
加速度ベクトル ──── 55
ガリレイ変換 ──── 154
換算質量 ──── 137
慣性 ──── 4

慣性系 ──── 162
慣性質量 ──── 10
慣性の法則 ──── 4,16
慣性力 ──── 162
簡略化された単位 ──── 62
軌道 ──── 119
軌道平面 ──── 139
軌道要素 ──── 119
距離の変化率 ──── 48
近似解 ──── 81
ケプラーの3法則 ──── 130
ケプラーの第1法則 ──── 130,144
ケプラーの第3法則 ──── 130,146
ケプラーの第2法則 ──── 130,139
厳密解 ──── 80
恒星日 ──── 36
公転周期 ──── 140
コリオリの力 ──── 165

サ行

座標系 ──── 6
作用・反作用の法則 ──── 14,16
三平方の定理 ──── 25
次元 ──── 60
次元解析 ──── 61
思考実験 ──── 2
仕事量 ──── 92
質点 ──── 18
質量 ──── 10
周期 ──── 127

重心	136
自由落下運動	109
重力	11,104
重力加速度	109
瞬間の速さ	46
初速	110
振動数	127
振幅	127
スカラー積	34
スカラー量	31
積分	80
ゼロ・ベクトル	35
全エネルギー	95
相対性原理	8,158
相対ベクトル	136
速度	4,50
速度の合成則	156
速度の変化率	9,54
速度ベクトル	50

タ行

太陽日	36
楕円軌道	130
単位	36,60
単振動	127
単振り子	83
長半径	139
テイラー展開	75,169
等加速度運動	74
等速運動	53
等速直線運動	71

ナ行

内積	34
ニュートンの運動方程式	10,58

ニュートン力学	15
ニュートン力学の3法則	15,16
ニュートン力学の第1法則	4,16
ニュートン力学の第3法則	14,16
ニュートン力学の第2法則	10,16,57

ハ行

万有引力	11,104
万有引力定数	104,169
ピタゴラスの定理	25
微分（する）	47
微分係数	47
広い意味でのエネルギー保存則	98
平均の速さ	41
ベクトル積	34
ベクトル量	31
放物線	119
保存量	90,102
ポテンシャル	95
ポテンシャル・エネルギー	95

マ行

摩擦力	3
面積速度	130,139

ラ行

力学的エネルギー	95
力学的に同等	158
力学量	31,60
離心率	139

【著者略歴】
表　實（おもて・みのる）

　1943年、福井県生まれ。慶應義塾大学名誉教授。筑波大学・慶應義塾大学で素粒子物理学と宇宙物理学の研究に従事、2009年3月、慶應義塾大学を定年退職、2009年4月〜2011年3月、東北公益文科大学副学長。

　著書：『複素関数』（岩波書店）、『時間の謎をさぐる』（岩波書店）、『量子力学特論』（朝倉書店：共著）等。

　その他、現在、天体観測を重視した天文教育の普及を目指す「慶應義塾大学インターネット望遠鏡プロジェクト」に取り組んでいる。

ファーストブック
力学がわかる

2013年3月25日　初版　第1刷発行

著　者	表　實
発行者	片岡　巌
発行所	株式会社技術評論社
	東京都新宿区市谷左内町 21-13
	電話　03-3513-6150 販売促進部
	03-3267-2270 書籍編集部

印刷／製本　日経印刷株式会社

定価はカバーに表示してあります。

本書の一部、または全部を著作権法の定める範囲を越え、無断で複写、複製、転載、テープ化、ファイルに落とすことを禁じます。

©2013　表實

造本には細心の注意を払っておりますが、万一、乱丁（ページの乱れ）や落丁（ページの抜け）がございましたら、小社販売促進部までお送りください。送料小社負担にてお取り替えいたします。

ISBN 978-4-7741-5545-6　C3053
Printed in Japan

- ●カバーイラスト
  ゆずりはさとし
- ●カバー・本文デザイン
  小山 巧（志岐デザイン事務所）
- ●本文イラスト
  田渕周平
- ●編集制作
  中川克也
  （株式会社カルチャー・プロ）
- ●編集協力
  元田光一
- ●DTP
  株式会社明昌堂

本書の内容に関するご質問は、下記の宛先まで書面にてお送りください。お電話によるご質問および本書に記載されている内容以外のご質問には、一切お答えできません。あらかじめご了承ください。

〒162-0846
新宿区市谷左内町21-13
株式会社技術評論社　書籍編集部
「力学がわかる」係
FAX：03-3267-2269